Landschildkröten

Landschildkröten

Europäische und tropische Arten: Haltung, Pflege, Zucht

von Bernd Wolff

Impressum:

Gestaltung und Satz: jb:design – Johanna Böhm, Dassendorf
Lektorat: Anneke Bosse

Coverfoto: Wolff
Fotos im Innenteil ohne Fotonachweis: Bernd Wolff
Zeichnungen: Maria Mähler

Druck: Westermann Druck, Zwickau

Deutsche Nationalbibliothek – CIP-Einheitsaufnahme
Die Deutsche Nationalbibliothek verzeichnet diese Publikation in der Deutschen Nationalbibliografie; detaillierte bibliografische Daten sind im Internet über http://dnb.ddb.de abrufbar.

Printed in Germany

ISBN: 978-3-8404-4008-3

Gute Gründe für die Schildkrötenhaltung

Heimtiere sind beliebt und das Angebot verschiedener Tierarten ist riesig.

Es gibt viele Gründe für die Haltung von Heimtieren. Gerade für junge Landschildkröten gilt häufig als Anschaffungsgrund, dass sie ja so niedlich aussehen und als Ersatz für allergieauslösende Heimtiere geeignet sind. Außerdem wäre der Pflegeaufwand ja nicht so groß. Dabei sind Landschildkröten Wildtiere in menschlicher Obhut, die keinesfalls als Kuschel- oder Spieltiere für Kinder geeignet sind. Allerdings kann die Pflege von Schildkröten das Interesse an der Natur wecken und viele interessante Beobachtungen können bei der heimischen Pflege gemacht werden.

Viele Eltern möchten gern für ihren Nachwuchs ein Heimtier halten, damit sie gemeinsam mit ihren Kindern den Kontakt zur Natur nicht verlieren. Hunde, Katzen und kuschelige Kleintiere sind dabei besonders beliebt und das Angebot ist riesig.

Doch so manches Mal sind die niedlichen neuen Familienmitglieder Auslöser von Allergien, sodass für das Tier eine neue Bleibe gefunden werden muss. Nun wird nach einer Tierart gesucht, die man zu Hause halten kann, die aber keine Allergien auslöst. Ein Besuch im Zoohandel führt dann oft vor das Terrarium mit den jungen Landschildkröten. „Sind die süß!", ist ein oft gehörter Ausspruch.

Dann erinnern sich die Eltern an die früher einmal gepflegte Landschildkröte, die „damals gerade mal fünf Mark gekostet hat", und der Wunsch nach einer neuen Landschildkröte wird wach. Die kleine Schildkröte ist so putzig, wenn sie frisst, und liebt es bestimmt, auf die Hand genommen und gestreichelt zu werden. Außerdem ruft sie wohl mit Sicherheit keine Allergie hervor und hat eigentlich früher ganz gut von in Milch eingeweichten Brötchen und etwas Grün von der Wiese gelebt. Weiterhin ist längst vergessen, dass sie gar nicht so lange gelebt hat und „irgendwann nach dem Winterschlaf" gestorben war. Damals kannte

Junge Landschildkröten ziehen in Zoohandlungen oft besonders das Interesse auf sich.

man die Gründe nicht und es war ein Leichtes, das gestorbene Tier durch ein neues zu ersetzen. Das hat sich zum Glück für unsere Landschildkröten inzwischen sehr verändert.

Die Haltung und vor allem die Aufzucht Europäischer Landschildkröten ist eine sehr reizvolle und interessante Beschäftigung. Sie vermittelt dem Halter einen tiefen Einblick in die Natur und damit in vielfältige biologische Zusammenhänge. Die Kenntnisse über die artgerechte Haltung von Landschildkröten haben sich heute gegenüber dem Wissen vor einigen Jahren oder Jahrzehnten wesentlich erweitert. Deshalb ist in diesem Buch der aktuelle Kenntnis- und Wissensstand über die Aufzucht, Haltung oder Nachzucht von Landschildkröten die Grundlage für alle Hinweise und Tipps.

Immer wieder sieht man, wie Landschildkröten ständig auf die Hand gehoben und womöglich gestreichelt werden. Natürlich gewöhnen sich die Schildkröten an das Aufgreifen und Herausnehmen aus dem Terrarium. Mehrere wissenschaftliche

Für Allergiker, aber nicht zum Kuscheln

Stress für das Tier: Das Hochheben sollte so weit es geht vermieden werden.

Landschildkröten sind für Allergiker gut geeignet, denn sie lösen keine Allergien aus. Auch ist die Wahrscheinlichkeit, dass sie Krankheiten übertragen können, äußerst gering. Aber sie sind keine Kuscheltiere, denn sie sind Wildtiere oder stammen direkt von ihnen ab. Ein Anheben bedeutet immer Stress, denn dies heißt in der Natur für die Schildkröte, dass ein Räuber sie ergriffen hat!

Kinder können viel lernen, wenn sie Schildkröten beobachten und pflegen – doch die Tiere sind zum Kuscheln und Spielen gänzlich ungeeignet. (Foto: Bastian Eichelhard)

So bitte nicht: Eine artgerechte Haltung für Schildkröten sieht anders aus.

Untersuchungen haben aber nachgewiesen, dass in jedem Fall ein Anstieg von Stresshormonen nachzuweisen ist. Deshalb sollten solche Aktionen möglichst schnell, aber nicht hektisch durchgeführt werden. Außerdem wirklich nur dann, wenn es unbedingt notwendig ist. Ein ständiges Hin und Her beunruhigt Schildkröten immer.

Eines ist aber sicher: Streicheleinheiten brauchen weder die jungen noch die älteren oder gar die erwachsenen Landschildkröten. Auch sind sie als Spielzeug völlig ungeeignet. Eine artgerechte Pflege und ein Herumlaufen im Kinderzimmer passen nicht zusammen. Für Kinder ist es wichtig, Verantwortung für ein Tier oder mehrere Tiere zu übernehmen und natürliche Zusammenhänge zu beobachten. Dabei können sie viel lernen und werden vielleicht später einmal selbst Schildkröten oder andere Reptilien pflegen. Ein gut eingerichtetes Innen- und Freilandterrarium ist immer ein Blickfang und die fachgerechte Pflege von Landschildkröten kann viel Freude bereiten.

Eltern, die nun für ihre Kinder und auch für sich selbst Landschildkröten anschaffen möchten, müssen bereit und in der Lage sein, die gesamte Pflege zu übernehmen. Schnell ist manchmal das Interesse der Kinder erloschen und die kleinen Schildkröten sind aber immer noch da. Tierheime und andere Institutionen nehmen nur sehr ungern Schildkröten auf. In Zoos kann man sie ebenfalls nicht abgeben, da dort keine Tiere aus unbekannten Beständen angenommen werden.

Wie bei jeder Tierhaltung gilt der Grundsatz: Bevor das Tier ins Haus kommt, müssen die Voraussetzungen für eine Haltung geschaffen werden. Oft wird nach dem spontanen Schildkrötenkauf erst einmal eine provisorische Unterbringung aufgebaut. Leider gibt es Verkäufer, die mit der Meinung, dass ein einfaches Aquarium und eine Wärmelampe reichen, viel Schaden für eine erfolgreiche dauerhafte Pflege anrichten können. So etwas kann nur ein kurzzeitiges Provisorium sein, denn Stressfaktoren wie zu kleine Unterbringungsflächen, ungenügende Wärme, falsche Beleuchtung und fehlende Unterschlüpfe wirken auf die Tiere ein und können spätere Gesundheitsschäden verursachen.

Familie und Gattung

Landschildkröten sind Reptilien, also wechselwarme Tiere. Es gibt sehr viele Wasser- und Landschildkrötenarten, die schon lange Zeit auf der Erde leben. In diesem Buch liegt der Schwerpunkt auf den Europäischen Landschildkröten und einigen ausgewählten tropischen Landschildkröten. Für eine optimale Haltung und Pflege ist die Kenntnis des natürlichen Lebensraums und der Lebensumstände wichtig. Außerdem verrät dieses Kapitel, welche Arten sich für die Hobbytierhaltung besonders eignen und wie sie überhaupt zu ihren Namen gekommen sind.

Überlebensspezialisten seit Jahrmillionen

Schildkröten und deren Vorfahren leben bereits über 250 Millionen Jahre auf unserer Erde. Es gab in der Geschichte dieser Tierfamilie Schildkröten von gigantischem Ausmaß. In verschiedenen Naturkundemuseen sind Präparate von Schildkröten mit Panzerlängen von über drei Metern zu sehen.

Diese Arten sind aber bereits vor einigen Millionen Jahren ausgestorben. Heute gibt es rund 250 Schildkrötenarten, die sich noch in viele Unterarten aufteilen. Sehr grob aufgeteilt, leben auf der Erde Landschildkröten, Wasserschildkröten und Meeresschildkröten. In diesem Buch beschäftigen wir uns mit den Landschildkröten, die unter sehr unterschiedlichen Bedingungen leben und sich in ihrer Lebensweise teilweise sehr spezialisiert haben. Es gibt circa 40 Arten und von diesen noch einige Unterarten. Sie brauchen als Reptilien, also wechselwarme Tiere, die Wärmezufuhr von außen und leben in tropischen oder subtropischen Gebieten. Deshalb ist unter mitteleuropäischen Bedingungen eine ganzjährige Haltung im Freiland ohne technische Hilfsmittel nicht möglich!

Die meisten Landschildkröten leben unter so speziellen Lebensbedingungen in ihrer tropischen Heimat, dass selbst eine kürzere Pflege im Freilandterrarium nur mit großem technischen Aufwand möglich ist. Wer schon einmal tropische Länder, womöglich gar zur Regenzeit, bereist hat, weiß, dass wir diese Lebensumstände nur sehr schwer nachbilden können. Deshalb ist die Haltung von Landschildkröten aus solchen Gebieten nur zoologischen Einrichtungen oder einigen privaten Spezialisten zu empfehlen.

Konservierte versteinerte fossile Landschildkröte aus dem Museum of Natural History in New York.

*Die kleinste Landschildkrötenart ist die Gesägte Flachschildkröte (*Homopus signatus signifer*) aus Namibia (Foto: Victor Loehr).*

Das ist auch der Grund, weshalb in diesem Buch vor allem die Haltung von mediterranen Landschildkröten ausführlich besprochen wird. Die erfolgreiche Pflege vieler dieser Arten ist mit richtiger Ausstattung des Terrariums sowohl im Haus als auch im Garten möglich.

Einzel- oder Gruppenhaltung?

Immer noch kann man in veralteter Literatur lesen, dass Landschildkröten unbedingt in einer Gruppe gehalten werden müssen. Diese Behauptung ist sehr unpräzise, da man hier die Eigenschaften der verschiedenen Landschildkrötenarten nicht beachtet. Einige wenige Arten, wie die Europäischen Landschildkröten, können in einer Gruppe zusammen gehalten werden. Es muss dann ausreichend Bewegungsraum vorhanden sein und viele Versteckmöglichkeiten müssen zur Verfügung stehen. Aber auch dann kann es zu blutigen Kämpfen unter den Männchen kommen, sodass diese getrennt gepflegt werden müssen. Sie dürfen nur unter Beobachtung zur Paarungszeit Kontakt zu den Weibchen bekommen.

Das trifft auch für fast alle tropischen Landschildkröten zu; hier sind bei vielen Arten die Männchen sehr unverträglich und müssen über einen längeren Zeitraum einzeln gehalten werden. Vor der Anschaffung einer bestimmten Art sollte man sich genau über das spezielle Verhalten informieren. Dann kann man auch selbst bestimmen, ob man verschiedene Arten zusammen halten kann.

Leider hat es in der Vergangenheit schon Mischlinge verschiedener Arten in der Gemeinschaftshaltung gegeben, sodass es eigentlich besser ist, die jeweilige Art einzeln zu halten. Oft wird immer noch auf die Natur verwiesen, wo in einigen Biotopen verschiedene Landschildkröten gemeinsam vorkommen. Allerdings sind die Lebensverhältnisse in den Vorkommensgebieten nicht mit der vorhandenen Enge selbst eines großzügig eingerichteten Freilandterrariums zu vergleichen.

Oft wird auch unklar ausgedrückt, wie die Zusammensetzung der Geschlechter aussehen sollte. Generell gilt, dass eine Überzahl von Weibchen bei Arten, die in einer Gruppe gehalten werden können, von Vorteil ist. Für Europäische Landschildkröten hat sich ein Mindestverhältnis von drei Weibchen auf ein Männchen als geeignet erwiesen. Auch hier muss dann aber entsprechend viel Platz pro Tier zur Verfügung stehen.

Bei fast allen anderen Landschildkrötenarten ist ein leichter Weibchenüberhang oder die paarweise Haltung von Vorteil. Wichtig ist, dass immer so viel Raum zur Verfügung steht, dass die Schildkröten zeitweise getrennt oder unter Umständen sogar dauerhaft einzeln gehalten werden können.

Lebensraum der mediterranen Landschildkröten

Die meisten Arten und Unterarten der mediterranen Landschildkröten leben in Ländern rund um das Mittelmeer. Ausnahmen bilden einige Unterarten der Maurischen Landschildkröte (*Testudo graeca ssp.*), die bis weit in den asiatischen Landkörper hinein vorkommen. Mit beschrieben wird hier auch die Russische Vierzehenschildkröte (*Agrionemys horsfeldi*), die nicht nur im südlichen Russland, sondern auch zum Beispiel in Kasachstan, Turkmenistan, im Iran und in angrenzenden Ländern vorkommt.

Allen Vorkommensgebieten ist ein jahreszeitlicher Wechsel gemeinsam. Ganz allgemein heißt

Ehemaliges Landschildkrötenbiotop auf Mallorca. (Foto: Franz Schmitt)

das, es gibt eine kühle bis kalte Jahreszeit und eine lange trockene und heiße Periode. In diesem Sommerabschnitt ist das Wetter meist sehr stabil und zeichnet sich durch hohe Temperaturen und wenig Niederschläge aus. Kälteeinbrüche und längere Regenperioden, wie sie in Mitteleuropa in jedem Sommer vorkommen, gibt es nicht.

Früher waren die Landschildkröten in vielen geeigneten Gegenden sehr verbreitet. Aber durch menschliche Einflüsse wie die Zerstörung des Lebensraums zur Nutzung als landwirtschaftliche Anbaugebiete, Bauland oder als Feriengebiete wurden viele Bestände vernichtet.

Straßen, die durch die Lebensgebiete gezogen wurden, und der stets zunehmende Verkehr sind auch heute noch Gefahrenquellen für die Landschildkröten, die unglücklicherweise gern den erwärmten Straßenbelag als Wärmequelle nutzen. Leider sieht man deshalb in solchen Gebieten oft überfahrene Schildkröten, denen ihr Panzer nicht genügend Schutz bietet.

Es darf nicht unerwähnt bleiben, dass in den 1950er- und 1960er-Jahren Europäische Landschildkröten massenweise in den Vorkommensgebieten abgesammelt wurden. Sie wurden dann in den Zoohandlungen für geringes Geld angeboten und verkauft. Nur wenige Schildkröten, die man in dieser Zeit erwarb, haben längere Zeit überlebt.

Zwar gibt es heute immer noch stabile Bestände in den Ländern rund um das Mittelmeer, aber viele sind auf längere Sicht in ihrer weiteren Existenz gefährdet. Dass Landschildkröten bei der Beobachtung in ihren natürlichen Biotopen so wenig wie möglich gestört werden sollten, ist für den Naturfreund selbstverständlich.

Landschildkröten sind sehr häufig an trockenen, nicht landwirtschaftlich genutzten, steinigen Hängen zu finden. Meist sind es leicht nach Süden ge-

So sieht ein typisches noch existierendes Landschildkrötenbiotop für Testudo hermanni hercegovinensis *in Kroatien (Nähe Turanj) aus. (Foto: Franz Schmitt)*

neigte Berge, die von lichten, dornigen Gebüschen durchsetzt sind. Am Boden wachsen viele verschiedene Blattgewächse und Kräuter. Oft zieht es die Schildkröten dann aber zu nahe gelegenen landwirtschaftlichen Anbauflächen, im ungünstigsten Fall zu Melonen- oder Gemüseäckern, hin. Dort werden sie von den Landwirten nicht gern gesehen und leider oft erschlagen. Wenn sie „Glück" haben, werden sie mit einer Schaufel ins Gebüsch zurückgeschleudert.

In den meisten Heimatländern sind die Landschildkröten im Frühjahr oder Herbst leichter zu finden als in den ganz heißen Monaten von Mitte Juni bis Mitte September, wenn sie nur in den frühen Morgen- oder späten Abendstunden zum Fressen aus ihren Verstecken kommen. Wenn es ganz heiß und dazu noch trocken ist, bleiben sie auch längere Zeit in ihren Unterschlüpfen und verleben eine Sommerruhe. Deshalb sind viele Sommertouristen enttäuscht, da ihnen nur selten eine Landschildkröte über den Weg läuft, obwohl im Reiseführer steht, dass sie im entsprechenden Gebiet vorkommen sollen.

Artenschutz und gesetzliche Forderungen

Alle Landschildkröten sind geschützt. Das gilt für den internationalen Handel mit allen Arten, aber leider nicht für alle Landschildkröten in ihren Lebensgebieten. Durch das Washingtoner Artenschutzabkommen wurden Landschildkröten in verschiedene Schutzkategorien eingeordnet. Für sie gibt es entsprechend der CITES-Verordnung die Kategorien CITES I und CITES II. Damit ergeben sich für den Handel eingreifende Einschränkungen oder Verbote, die man für jede Art in der zuständigen Naturschutzbehörde erfragen kann.

Innerhalb der Europäischen Union gibt es zusätzliche Verordnungen, die den Handel und den Schutz der Schildkröten vor Ort betreffen. Alle Landschildkröten fallen unter den Anhang A der Verordnung Nr. 338/97 der Europäischen Union und in Deutschland noch unter die Bundesartenschutzverordnung, Anlage 6. Beim Besitz oder bei der Anschaffung müssen all diese Bestimmungen genau beachtet werden. Auch hier ist es ratsam, bei der zuständigen Naturschutzbehörde die genauen Formalien für die gewünschte Art zu erfragen. Damit weiß man genau, welche „Papiere“ der Züchter oder Händler für die Übergabe haben muss. Sind diese nicht oder nur teilweise vorhanden, sollte man lieber von der Übernahme Abstand nehmen.

Wie die Schildkröten zu ihren Namen kamen

Im Text tauchen immer wieder die wissenschaftlichen Namen der jeweils genannten Schildkrötenarten auf. Diese klingen für den Einsteiger kompliziert, und oft wird dann die Frage gestellt, ob es überhaupt notwendig ist, die Landschildkröten so zu nennen oder ob nicht die deutschen Namen reichen. Das Problem ist aber, dass es sowohl im deutschsprachigen Raum als auch in vielen anderen Sprachen für dieselbe Tierart in verschiedenen Regionen unterschiedliche Bezeichnungen gibt. Das kann zu viel Verwirrung führen. So hat man sich weltweit auf eine Namensgebung geeinigt, die nicht etwa nur in Latein, sondern auch oft in Altgriechisch die Art genau bezeichnet.

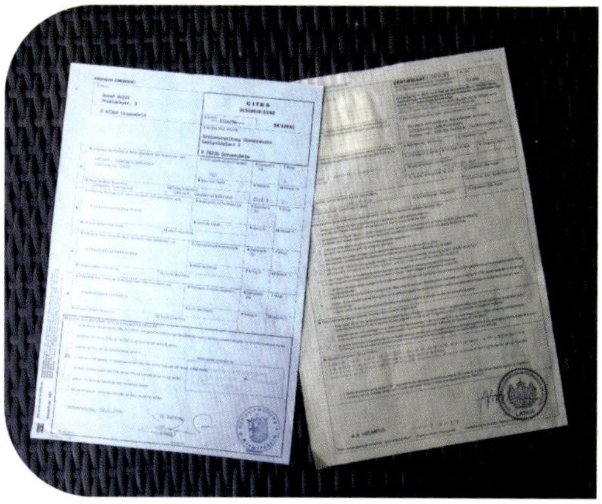

Vorder- und Rückseite gültiger CITES-Papiere.

Übrigens wird umgangssprachlich oft von der lateinischen Namensgebung gesprochen. Da jedoch auch das Altgriechische verwendet wird, spricht man korrekterweise von der wissenschaftlichen Bezeichnung. Inzwischen hat es sich schon weitgehend ergeben, dass unter Schildkrötenliebhabern von der „Hermanni“ bei der Griechischen Landschildkröte oder von der „Marginata“ bei der Breitrandschildkröte gesprochen wird.

Davon abgesehen geben viele Schildkrötenhalter ihren Landschildkröten gern einen populären Namen. Damit ist es bestimmt einfacher, seine Schildkröten zu unterscheiden, aber eines ist leider auch sicher: Die Landschildkröte kann ihren Namen nicht hören und auch nicht darauf reagieren, denn sie scheinen nur auf Erschütterungen und niederfrequente Töne zu reagieren, wie einige wissenschaftliche Experimente erwiesen haben. Dafür sind das Sehvermögen gut und das Riechvermögen besonders gut ausgeprägt.

Die wichtigsten Arten im Porträt

Als Neueinsteiger sollte man sich zunächst einige Fragen stellen, bevor man sich Gedanken über die passende Art macht:

- Bin ich bereit, möglichst mehrere Landschildkröten zu pflegen?
- Habe ich den Platz für die artgerechte Unterbringung im Haus und im Garten?
- Ist mir bewusst, dass ich eine Tierart pflegen möchte, die bei richtiger Pflege eine hohe Lebenserwartung hat?
- Bin ich in der Lage, die Kosten für die technischen Anschaffungen, den Energieverbrauch und das richtige Futter zu tragen?

Hat man alle Fragen mit „ja" beantwortet, gilt es, sich für die richtige Art zu entscheiden. Einige Arten, wie die Griechische Landschildkröte, sind leichter zu pflegen als so manche tropische Art.

Der beste Weg bei der Anschaffung von jungen Landschildkröten ist der direkte Bezug beim Züchter. Dort kann man sich die Haltungsbedingungen vor Ort anschauen und so manchen fachlichen Tipp vom Fachmann bekommen. Es ist auch zu empfehlen, den Fachmann nach einem Tierarzt zu fragen, der sich mit Reptilien gut auskennt. Darüber hinaus kann man sich auch über Angebote im Internet, Abgabeanzeigen in Fachjournalen, Börsen oder im Fachhandel über Möglichkeiten des Schildkrötenkaufs informieren.

Weibchen einer Griechischen Landschildkröte (Testudo hermanni boettgeri).

Griechische Landschildkröte (*Testudo hermanni*), Gmelin 1789

Die Griechische Landschildkröte (*Testudo hermanni*) gibt es eigentlich als eigene Art gar nicht. In älterer Literatur wurden alle so ähnlich aussehenden Schildkröten zu einer Art zusammengefasst.

Inzwischen hat sich die Wissenschaft intensiver mit diesen Schildkröten beschäftigt und es stellte sich heraus, dass es sicher zwei Unterarten gibt. Eine weitere Unterart, die von manchen sogar als

*Rückansicht eines Männchens der Griechischen Landschildkröte (*Testudo hermanni boettgeri*) mit dem typischen hornigen Endnagel am Schwanz.*

eigene Art angesehen wird, lebt an der östlichen Adriaküste. Nun stellt sich die Frage, warum sie dann noch Griechische Landschildkröte heißt. Eine Regel in der biologischen Namensgebung besagt, dass der erstmalig bei einer Beschreibung vergebene Name zu behalten ist. Die ersten Tiere wurden wissenschaftlich im Jahr 1789 von dem deutschen Forscher Johann Friedrich Gmelin beschrieben. Interessanterweise beschrieb er eine Schildkröte, die aus dem südlichen Frankreich stammte und heute eigentlich der Westlichen Unterart zuzuordnen ist. Er nannte sie *Testudo hermanni*.

Da aber die meisten Tiere dieser Schildkrötenart in Griechenland zu finden sind, bürgerte sich im deutschen Sprachgebrauch der Name Griechische Landschildkröte ein. Übrigens heißen sie im englischen Sprachraum nur „Hermann's Tortoise". Da taucht Griechenland im Namen gar nicht auf.

Die zwei Unterarten sind also die Westliche Unterart (*Testudo hermanni hermanni*) und die Östliche Unterart (*Testudo hermanni boettgeri*). Die andere Unterart oder vielleicht auch Lokalform wird als Dalmatinische Landschildkröte, von einigen als *Testudo hermanni hercogovinensis*, bezeichnet.

Griechische Landschildkröte (*Testudo hermanni boettgeri*)

Tiere dieser Art sind die am häufigsten bei uns gehaltenen Landschildkröten. Je nach Herkunftsgebiet können sie unterschiedliche Endgrößen erreichen. Die durchschnittliche Größe beträgt für Weibchen 20 bis 25 Zentimeter. Die Männchen erreichen 15 bis 21 Zentimeter. Ausnahmen mit größeren Tieren kommen gelegentlich vor. Gerade unter Terrarienbedingungen mit meist zu viel Futter können von den Nachzuchten durchaus größere Griechische Landschildkröten heranwachsen.

Die äußeren Merkmale für diese Art sind meist ziemlich gleich. Sehr charakteristisch ist der geteilte Schwanzschild. Ab und zu können Ausnahmen mit ungeteilten Schwanzschildern vorkommen. Aber alle haben einen hornigen Endnagel auf der Schwanzspitze. Das trifft auch für die Unterarten zu. Anhand der Färbung ist es unmöglich, die genaue Herkunft zu erkennen. Manchmal hört man, dass deutlich gelb oder kontrastreich gefärbte Griechische Landschildkröten aus einem bestimmten Gebiet stammten. Das lässt sich nicht beweisen. In einem überschaubaren Gebiet können durchaus ziemlich unterschiedliche Färbungsvarianten auftreten. Eine Ausnahme bilden sehr auffallende, fast durchweg gelb gefärbte Griechische Landschildkröten. Sie leben vor allem im nördlichen Griechenland. Interessanterweise kommen im selben Gebiet aber auch normal gefärbte Tiere vor.

Das gesamte Verbreitungsgebiet erstreckt sich auf Griechenland und andere Balkanländer wie Albanien, Bosnien-Herzegowina, Kroatien, Mazedonien, Montenegro und Serbien. Außerdem gibt es Vorkommen in Bulgarien, Rumänien und dem europäischen Teil der Türkei. Alle weiteren Vorkommen in westlicher Richtung gehören zur Unterart der Westlichen Griechischen Landschildkröte (*Testudo hermanni hermanni*).

Wenn jetzt hier so viele Länder genannt werden, darf man allerdings nicht davon ausgehen, dass jeweils flächendeckend Griechische Landschildkröten zu finden wären. Die Vorkommensgebiete sind oft weit voneinander entfernt, und so entstanden isolierte Lokalformen, die sich teilweise in Größe und Färbung voneinander unterscheiden. Trotzdem ist es fast unmöglich, aus der Form, Größe und Färbung bei einer unbekannten Herkunft das ursprüngliche Vorkommensgebiet zu bestimmen. In Zukunft wird das vielleicht etwas einfacher werden, da immer mehr Referenzinformationen genetischen Materials zur Verfügung stehen. Außerdem verbessern sich ständig die Untersuchungsmethoden.

Die Lebensgebiete der Griechischen Landschildkröten sind über das gesamte Vorkommensgebiet natürlich nicht gleich. Sie haben aber meist doch Gemeinsamkeiten, die bei genauer Kenntnis möglicherweise sehr hilfreich sind, um lebende Landschildkröten in der Natur beobachten zu können. Viele ursprüngliche Gebiete werden landwirtschaftlich genutzt. Kulturlandschaften wie Haine

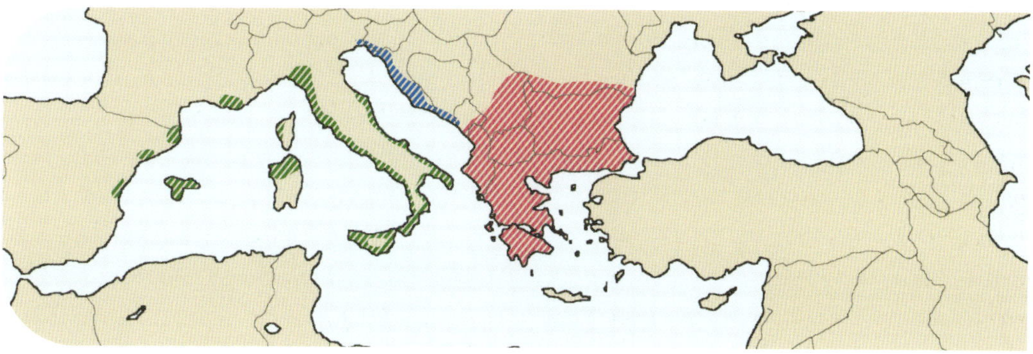

Natürliches Verbreitungsgebiet der Griechischen Landschildkröte: Testudo hermanni boettgeri *(rot schraffiert),* Testudo hermanni hercegovinensis *(blau schraffiert) und* Testudo hermanni hermanni *(grün schraffiert).*

Lebensraum der Griechischen Landschildkröte in einem landwirtschaftlich wenig genutzten Gebiet. (Foto: Franz Schmitt)

von Olivenbäumen, begrenzt mit Steinen oder Trockenmauern, sind als Lebensraum immer noch geeignet. Dort kann man an südlich geneigten Hängen durchaus noch Griechische Landschildkröten beobachten. In anderen landwirtschaftlich genutzten Gebieten wie Gemüsefeldern, Weinbergen oder Obstplantagen sind die Landschildkröten von den Betreibern nicht gern gesehen. Oft sind solche Flächen in ursprünglichen Biotopen angelegt worden und werden durch künstliche Bewässerung landwirtschaftlich intensiv genutzt. Das viele satte Grün lockt die Landschildkröten an. Sie werden dann oft mit einer Schaufel in das angrenzende Ödland geworfen oder aber getötet, da sie die angebauten Pflanzen fressen. Auf diese Weise sind viele ehemalige Vorkommen erloschen.

Das Ödland ist die natürliche Umwelt für Griechische Landschildkröten. Trockene, steinige, nach Süden geneigte, sanft ansteigende Berghänge sind beliebte Lebensgebiete. Bei näherer Betrachtung sieht man dann auch den sandigen, mit kleinen Steinen durchsetzten Boden. Darauf wachsen kleine und mittelgroße Büsche, die die Trockenheit und Hitze des Sommers gut vertragen. Die häufigste Strauchart sind die Maccien, die durch ihre harten, stacheligen Blätter manchmal eine undurchdringliche Hecke oder Buschgruppe bilden. Darunter finden Landschildkröten einen guten Schutz.

Im Frühjahr und im Frühsommer wachsen auf dem Boden sehr viele verschiedene Blütenpflanzen und Kräuter. Später trocknen diese ab und erst nach den ersten Gewittern im Spätsommer oder Herbst treiben diese Pflanzen wieder grüne Spitzen aus. Trotzdem findet man selbst im Hochsommer an geschützten Stellen immer noch kleine grüne Pflanzen, die vom Morgentau leben können. Diese sind die Nahrungsgrundlage selbst bei großer Tageshitze im Sommer. Die Grie-

*Männchen einer Dalmatinischen Landschildkröte (*Testudo hermanni hercegovinensis*).*

chischen Landschildkröten sind dann nur in den Morgenstunden oder am frühen Abend unterwegs. Wenn es zu heiß wird, verbringen sie aber durchaus mehrere Tage im Versteck.

Diese Lebensgebiete sind über fast den ganzen Balkan verteilt. Eine spezielle Vorkommensform gibt es entlang der östlichen Adriaküste. Sie lebt nur im näheren Küstengebiet und dringt nicht tief ins Landesinnere ein. Diese klein bleibende Griechische Landschildkröte wird von einigen Beschreibern als eigene Art, von anderen wiederum als Unterart und von manchen nur als Lokalform beschrieben. Als Unterart hat sie den Namen Dalmatinische Landschildkröte (*Testudo hermanni hercegovinensis*) bekommen.

Die genaue Bezeichnung überlassen wir hier lieber künftigen Wissenschaftlern, die sich vielleicht mit genetischen Abstammungsdaten bei der Bestimmung ausdrücken können. Viele Urlauber in diesen beliebten Feriengebieten begegnen den Landschildkröten und können sich an der Beobachtung in der Natur erfreuen. Die Dalmatinischen Landschildkröten unterscheiden sich von anderen Griechischen Landschildkröten dadurch, dass ihnen meist der Hüftschild auf dem Unterpanzer fehlt.

Westliche Griechische Landschildkröte (*Testudo hermanni hermanni*)

Die Westliche Griechische Landschildkröte, die durchweg den wissenschaftlichen Namen *Testudo hermanni hermanni* trägt, unterscheidet sich erst einmal durch die Vorkommensgebiete und auch durch die äußere Erscheinung von der anderen Unterart, die vornehmlich auf dem Balkan lebt.

Sie kommt in vielen, voneinander stark isolierten Gebieten vor. In Italien gibt es Gebiete an der nördlichen Adriaküste und entlang der Westküste an verschiedenen isolierten Stellen bis hin zur

*Junges Männchen einer Westlichen Griechischen Landschildkröte (*Testudo hermanni hermanni*) aus der Toskana (Italien).*

„Stiefelspitze". Das Gleiche gilt für die italienische Mittelmeerküste, beginnend in Ligurien bis in den Süden. In der Toskana gibt es auch noch einige Vorkommen. Weiterhin findet man die Westliche Griechische Landschildkröte auf nahezu allen Mittelmeerinseln, also auch auf Sizilien, Sardinien, Korsika, Mallorca und Menorca. Entlang der Mittelmeerküste Südfrankreichs und Spaniens gibt es einige isolierte Lebensgebiete.

Westliche Griechische Landschildkröten von Korsika und Sardinien erreichen die Größe der Östlichen Griechischen Landschildkröten. Tiere aus anderen Lebensgebieten sind kleiner und der Panzer wirkt etwas gestreckter, ovaler in der Draufsicht. Sie sind kräftig gelb bis orange in der Grundfärbung mit kontrastreichen schwarzen Flecken auf dem Rückenpanzer. Bei halbwüchsigen und erwachsenen Westlichen Griechischen Landschildkröten ist der Bauchpanzer charakteristisch mit zwei durchgehenden schwarzen Bändern gefärbt. Bei den meisten Tieren kann man auch einen gelben Fleck hinter dem Auge sehen.

Leider liegen die Vorkommensgebiete sehr häufig in beliebten Feriengegenden, und so wurden viele dieser Landschildkröten abgesammelt und als Urlaubssouvenir mit nach Hause genommen. Die Lebensgebiete sind mit denen der Östlichen Unterart vergleichbar. Meist liegen sie aber in Küstennähe.

Maurische Landschildkröte (*Testudo graeca ibera*), Linnaeus 1758

Die Maurische Landschildkröte (*Testudo graeca* ...) gibt es eigentlich nicht, sondern nur in der einen Artbeschreibung als *Testudo graeca ibera* (Linnaeus, 1758). Diese lebt in Südeuropa, in

*Gruppe der typischen Maurischen Landschildkröte (*Testudo greaca ibera*).*

*Cyrenaica-Landschildkröte (*Testudo greaca cyrenaica*) aus Libyen.*

Albanien, Bulgarien, Griechenland, auf Sardinien und in der Türkei.

Es gibt dafür aber eine Vielzahl an Unterarten, die sich teilweise extrem voneinander unterscheiden. Außerdem kommen die vielen Unterarten in einem riesigen Verbreitungsgebiet vor. Die Tiere, die an der Südküste des Mittelmeers in Nordafrika leben, unterscheiden sich im Äußeren und in den Lebensbedingungen stark von den Unterarten, die bis in den asiatischen Kontinent vorkommen. Sie wurden in jüngerer Zeit als eigene Arten beschrieben. In Spanien, Marokko, Algerien, Tunesien und Libyen leben Maurische Landschildkröten, die allgemein als *Testudo graeca graeca* beschrieben wurden, aber doch eigene Arten sind. Aus den verschiedenen Vorkommensgebieten gibt es mittlerweile noch präzisere Beschreibungen.

Leider werden noch immer gerade aus den Urlaubsgebieten in Marokko und vor allem Tunesien Landschildkröten als Urlaubsmitbringsel mitgebracht. Auf Touristenmärkten stellen Verkäufer diese klein bleibenden Landschildkröten oftmals unter miserablen Haltungsbedingungen zur Schau. Urlauber, die die Schildkröten aus Mitleid mitnehmen und womöglich gar in ihre

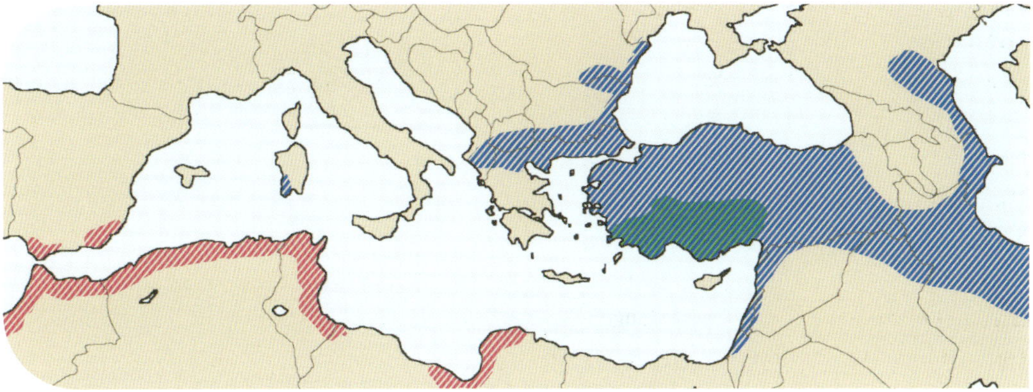

Das natürliche Verbreitungsgebiet der Maurischen Landschildkröte: Testudo graeca graeca *und nordafrikanische Unterarten (rot schraffiert),* Testudo graeca terrestris *(grün schraffiert) und* Testudo graeca ibera *(blau schraffiert).*

*Männchen der Breitrandschildkröte (*Testudo marginata*) aus Griechenland.*

Heimatländer mitbringen, machen sich im Zollrecht und Tierschutz strafbar. Außerdem sorgen sie dafür, dass die verkauften Schildkröten wieder durch neue, der Natur entnommene, ersetzt werden. In der Türkei findet der Urlauber manchmal direkt in Strandnähe auch Maurische Landschildkröten, die sich von den anderen unterscheiden. Sie werden der Unterart *Testudo graeca anamurensis* zugeordnet. Sie sind sehr groß und haben einen flacheren Panzer.

*Natürliches Verbreitungsgebiet der Breitrandschildkröte (*Testudo marginata*).*

Ausgewachsene Zwergform der Breitrandschildkröte, auch Testudo marginata weissingeri *genannt, im Vergleich mit der Nominatform. (Foto: Ronald Maxa)*

Breitrandschildkröte (*Testudo marginata*), Schoepf 1792

Die Vorkommensgebiete der Breitrandschildkröte sind in Griechenland, Südalbanien und auf der Insel Sardinien. Es werden drei Unterarten beschrieben, wobei es jedoch unterschiedliche Meinungen gibt. Es gibt die Nominatform *Testudo marginata* aus Griechenland, die Unterart *Testudo marginata sarda* aus Sardinien und die klein bleibende *Testudo marginata weissingeri*.

Die Breitrandschildkröte (*Testudo marginata*) ist von den anderen Europäischen Landschildkröten gut zu unterscheiden. Sie wirkt in der Draufsicht langgestreckt und hat eine dunkle, schwärzliche Panzerfärbung. Bei erwachsenen Tieren sind die hinteren Panzerschilder deutlich verlängert. Jüngere Breitrandschildkröten sind noch etwas heller, aber auch mehr gräulich gefärbt. Mit zunehmendem Alter wird der Panzer immer dunkler. Erwachsene Schildkröten dieser Art können ziemlich groß werden. Es gibt Exemplare mit über 40 Zentimetern Panzerlänge.

Eine Ausnahme gibt es aber doch: die oben genannte *Testudo marginata weissingeri*, die als Zwergform benannt ist.

Sie lebt in einem isolierten Vorkommen auf der Peloponnes in Griechenland. Diese Breitrandschildkröten werden nicht größer als maximal 25 Zentimeter. Es ist nicht ganz klar, ob die Kleinwüchsigkeit von den kargen Lebensbedingungen im Vorkommensgebiet herrührt. Die Lebensbedingungen sind mit denen der Griechischen Landschildkröten vergleichbar. Beide Arten kommen in einigen Gebieten auch gemeinsam vor.

*Vierzehen-Landschildkröte (*Agrionemys horsfeldii*).*

Vierzehen-Landschildkröte (*Agrionemys horsfeldii*), Gray 1844

Eine Besonderheit ist die Vierzehen-Landschildkröte (*Agrionemys horsfeldii*). Sie wird oft den Europäischen Landschildkröten gleichgestellt, was nicht ganz richtig ist. Sie ist zwar auch eine Landschildkröte aus einem trockenen Lebensgebiet, aber die Lebensbedingungen sind im Verbreitungsgebiet wesentlich extremer. Die Vierzehen-Landschildkröte stammt aus den Steppengebieten Mittelasiens. Dort herrscht ein deutlich raueres Klima als im Mittelmeergebiet. Lange, kalte Winter mit tiefen Minustemperaturen werden innerhalb weniger Tage von einem warmen und dann schnell heißen Sommer abgelöst. Es ist ein ausgeprägt kontinentales Klima. Die Landschildkröten haben sehr wenig Zeit für ihre Lebensaktivitäten. Sehr schnell aufeinanderfolgend beginnen die Nahrungsaufnahme, die Balz, die Paarung und die Eiablage. Dann wird es so heiß, dass die Landschildkröten eine Sommerruhe in den selbst gegrabenen Höhlen einnehmen. Oft geht die Sommerruhe direkt in die Winterstarre über.

Unter mitteleuropäischen Bedingungen gepflegte Vierzehen-Landschildkröten fühlen den hiesigen Sommer als sehr langes Frühjahr, und so kommt es, dass die Männchen die Balz nicht einstellen. Sie bleiben permanent aggressiv zu den Weibchen und auch untereinander. Sie legen auch ein gewisses Territorialverhalten an den Tag, was zu üblen Bissverletzungen führen kann. Nur hohe Temperaturen, zum Beispiel in einem Gewächshaus, können dieses Verhalten beenden. Leider sind die Vierzehen-Landschildkröten in den 1980er-Jahren in großen Stückzahlen als „Ersatz“ für die anderen Europäischen Landschildkröten in den Zoohandel gekommen. Die Unkenntnis der extremen Lebensbedingungen führte zu großen Verlusten. Allerdings gibt es mittlerweile einige Schildkrötenhalter, die sich auf die Vierzehen-Landschildkröte spezialisiert haben. Dadurch haben sich die Lebenserwartungen deutlich verlängert. Erfreulicherweise gibt es genügend Nachzuchten, um diese interessante Art für die Haltung in Terrarien zu erhalten.

Tropische Landschildkröten

Tropische Landschildkröten oder Schildkröten aus anderen exotischen Gebieten unterscheiden sich in den Verhaltensweisen und Pflegeansprüchen wesentlich von Europäischen Landschildkröten. Sie sehen zwar oft besonders schön aus, sind aber sehr sensibel und anspruchsvoll bei einer artgerechten Pflege.

Die tropischen Landschildkröten leben meist in Gebieten nördlich und südlich des Äquators in Gebieten, die sich durch ein tropisches Klima auszeichnen. Diese Tiere halten keine Winterruhe. Daneben gibt es in Nord- und Südamerika und in Afrika Lebensgebiete von Landschildkröten, die sich außerhalb der tropischen Zone befinden. Trotzdem werden diese Landschildkröten oft mit den tropischen Arten als spezielle Pfleglinge genannt. Die Lebensgebiete liegen durchweg in warmen Ländern und die Bedingungen manchmal auch sehr extrem, sodass die Pflege im Terrarium nicht bedenkenlos empfohlen werden kann.

Hinzu kommt, dass alle tropischen Landschildkröten geschützt sind und bei der Übernahme und Haltung bestimmte gesetzliche Forderungen erfüllt werden müssen. Den aktuellen Stand sollte man rechtzeitig bei der zuständigen Behörde erfragen.

*Pärchen der Pantherschildkröte (*Stigmochelys pardalis*) bei der Paarung.*

Von den rund 20 Arten von tropischen Landschildkröten werden einige ziemlich häufig gepflegt. Sie verdanken das Interesse an ihnen vor allem ihrem attraktiven Aussehen und der Tatsache, dass sie keine Winterruhe halten. Damit sind sie für den Pfleger immer zu sehen und er kann ihr interessantes Verhalten das ganze Jahr beobachten.

Pantherschildkröte (*Stigmochelys pardalis*), Bell 1828

Die Pantherschildkröten kommen in vielen Gebieten Afrikas vor. Dadurch können sie sich in Größe und Zeichnung voneinander unterscheiden. Es gibt mindestens zwei Unterarten. Die Östliche Pantherschildkröte wird wissenschaftlich *Geochelone*

*Weibchen der Sternschildkröte (*Geochelone elegans*) aus Indien.*

pardalis babcocki genannt. Das Vorkommen erstreckt sich von Äthiopien entlang des östlichen und mittleren Afrika bis nach Angola, Simbabwe und Namibia. Außerdem ist sie auch in Südafrika zu finden. Pantherschildkröten aus Äthiopien werden riesig, bis 80 Zentimeter groß und über 40 Kilogramm schwer. Tiere aus Ostafrika wie Kenia oder Tansania werden nicht so groß.

Im westlichen Südafrika und im südlichen Namibia lebt die Unterart Südwestliche Pantherschildkröte (*Geochelone pardalis pardalis*). Der Panzer ist etwas flacher und der Schwarzanteil in der Zeichnung soll etwas größer sein.

Ihnen gemeinsam ist ihre Lebensweise: Sie sind reine Pflanzenfresser und lieben das Abweiden von Gras sehr. Das afrikanische Gras ist härter und ballaststoffhaltiger als das normale Gartengras in Mitteleuropa. So ist bei der Fütterung der Pantherschildkröte immer darauf zu achten, dass sie nicht über einen längeren Zeitraum nur mit frischem Grün gefüttert wird. Pantherschildkröten brauchen trockenes, ballaststoffhaltiges Futter. Deshalb muss der Pfleger unbedingt trockene Futterbestandteile wie Heu zur Verfügung stellen oder mit ins Futter mischen. Im Sommer ist eine Haltung im Freiland möglich und vor allem in der warmen Jahreszeit sogar zu empfehlen. Ein Schutz vor kaltem Regen ist unbedingt notwendig.

Eine Nachzucht ist möglich, aber leider oft nicht über einen längeren Zeitraum. Auf Haltungsfehler reagieren die Pantherschildkröten sehr sensibel. Die Aufzucht der Jungtiere ist nicht so schwierig, wenn man von Anfang an die Anforderungen an das richtige Futter einhält.

Sternschildkröte (*Geochelone elegans*), Schoepf 1795

Manchmal wird diese Art auch als Indische Sternschildkröte bezeichnet. Da sieht man wieder mal, dass ein deutscher Name verwirrend sein kann, denn diese Landschildkrötenart kommt nicht nur in Indien, sondern auch auf Sri Lanka und Pakistan vor. Es gibt zudem einige Hinweise, dass zumindest im Grenzbereich zu Bangladesh ebenfalls Sternschildkröten vorkommen. Jedenfalls wird diese Schildkrötenart häufig gehalten, obwohl die Pflege nicht so einfach ist.

Sternschildkröten sehen mit ihrer auffälligen Zeichnung sehr attraktiv aus und außerdem werden sie nicht so groß. Bei den Tieren aus Sri Lanka werden Weibchen maximal 35 Zentimeter groß, die Männchen bleiben deutlich kleiner. Bei Sternschildkröten aus Indien und Pakistan wird die Geschlechtsreife bei Weibchen schon mit 15 Zentimetern erreicht, bei Männchen bereits mit 12 Zentimetern. Oft wird behauptet, dass man anhand der Breite und Intensität der Sternzeichnung auf dem Oberpanzer und dem Unterpanzer die Herkunft ableiten kann. Das ist jedoch nicht möglich, denn vom Autor in einem kleinen Gebiet in Südindien selbst gesammelte und fotografierte Sternschildkröten haben sich deutlich voneinander unterschieden.

In der Natur leben Sternschildkröten in vom Monsun beeinflussten Gebieten. In der Trockenzeit verstecken sich die Sternschildkröten über längere Zeit in selbst gegrabenen oder auch von anderen Tieren mit genutzten Höhlen vor der großen Hitze. Das kann sich über einige Monate erstrecken. Kurz bevor die Regenzeit begfinnt, je nach Landstrich Anfang bis Ende Juni, verlassen sie diese. Einwohner, die das beobachten, wissen dann genau, dass in den nächsten Tagen der Regen einsetzt. Hält man im Sommer die Sternschildkröten im Freiland, kann der mitteleuropäische Sommer die tropische Regenzeit simulieren. Bevor es kühl wird, müssen die Sternschildkröten aber unbedingt wieder ins Innenterrarium gebracht werden.

Eine langjährige erfolgreiche Haltung und eine kontinuierliche Nachzucht sind nur möglich, wenn der unterschiedliche Saisonverlauf angeboten wird.

Sternschildkröten brauchen ballaststoffreiches, abwechslungsreiches Futter. Gelegentliche Früchte oder Gemüsesorten dürfen den Speiseplan bereichern. Sie können unproblematisch in kleineren Gruppen gehalten werden, wobei nur wenige Männchen darin sein sollten. Kleinere Männchen werden von den aktiveren unterdrückt, was in der Enge des Terrariums zu lebensbedrohlichen Stresserscheinungen führen kann.

Köhlerschildkröte (*Chelonoides carbonaria*), Spix 1824

Die Köhlerschildkröten sind in einem großen Vorkommensgebiet verbreitet. Sie leben in tropischen und teilweise auch subtropischen Teilen Südamerikas wie in Argentinien, Paraguay und Brasilien. Vorkommen in tropischen Gebieten gibt es in Brasilien, Guayana, Bolivien, Kolumbien, Surinam, Panama und auf verschiedenen Karibikinseln.

Sie können sich je nach Herkunft äußerlich sehr stark unterscheiden. Zum Beispiel werden Köhlerschildkröten aus Paraguay oder Brasilien ziemlich groß. Sie erreichen bis zu 50 Zentimeter Panzerlänge. Dagegen gibt es Tiere, die mit 25 Zentimetern schon ausgewachsen sind und oftmals durch eine starke rote Kopffärbung auffallen. Diese werden gern als „Cherryhead“ bezeichnet. Obwohl sich die Köhlerschildkröten so stark unterscheiden, sind bis jetzt noch keine Unterarten beschrieben worden.

*Männchen der Köhlerschildkröte (*Chelonoides carbonaria*) aus Südamerika.*

Bei der Haltung benötigen sie viel Platz, da sie sich gern bewegen. Die Temperaturen müssen nicht so hoch sein wie bei anderen tropischen Landschildkröten, aber eine große Sonnenstelle ist unumgänglich. Bei zu hohen Raumtemperaturen legen sie eine Ruhephase ein. Die Luftfeuchtigkeit darf nicht zu niedrig fallen und Trinkwasser muss ständig zur Verfügung stehen. Bei der Ernährung sind sie nicht allzu wählerisch. Sie fressen nahezu alles, wobei natürlich die Regeln der Fütterung mit hohem Grünanteil im Futter mit vielen Ballaststoffen einzuhalten sind. Gelegentliche Obst- und Gemüsegaben sind notwendig. Genauso gern werden auch Pilze als Eiweißlieferanten gefressen. Bei guter Haltung ist die Nachzucht nicht allzu schwierig. Die Jungtiere sind auch leicht aufzuziehen, wobei dazu eine hohe Luftfeuchtigkeit notwendig ist. Nur so ist die Verhöckerung des Panzers zu verhindern.

Südamerikanische Waldschildkröte (*Chelonoides denticulata*), Linné 1766

Für Liebhaber größerer Landschildkröten ist die Südamerikanische Waldschildkröte sehr zu empfehlen. Das Hauptverbreitungsgebiet liegt in den tropischen Bereichen Südamerikas, so in Brasilien, Bolivien, Guayana, Kolumbien, Peru, Surinam und Venezuela. Trotz dieses riesigen Terrains unterscheiden sich die Waldschildkröten aus verschiedenen Gebieten nicht allzu sehr. Nur in der Endgröße gibt es Unterschiede. Vor allem Schildkröten aus den tropischen Gebieten Brasiliens am Unterlauf des Amazonas können Panzerlängen von bis zu 75 Zentimetern erreichen. Die anderen

Erwachsenes Männchen der Südamerikanischen Waldschildkröte (Chelonoides denticulata).

bleiben meist kleiner. Es werden maximal 50 Zentimeter erreicht.

Südamerikanische Waldschildkröten sind ziemlich unkompliziert in der Pflege. Als tropische Tiere benötigen sie warme Temperaturen. Erstaunlicherweise sind sie aber beim Aufenthalt im Freilandterrarium selbst bei Morgentemperaturen von 15 Grad Celsius schon aktiv. Sie bewegen sich gern und können sehr gut klettern. Neben dem notwendigen ballaststoffhaltigen Grünfutter brauchen sie Anteile von Obst, Gemüse, Pilzen und auch tierischer Nahrung. Eigene Erfahrungen des Autors haben ergeben, dass bei einer ausschließlichen „Grünfütterung" die Befruchtungsrate der Eier gegen Null ging. Erst durch regelmäßiges Verfüttern von Babymäusen stieg der Anteil der befruchteten Eier wieder deutlich an. Interessanterweise fressen die Waldschildkröten kaum Gras und verschmähen komplett die Aufnahme von Heu oder anderem trockenen Futter. Ansonsten sind die robusten Waldschildkröten bei genügend Platzangebot gut zu halten und auch gut nachzuzüchten. Eines ist jedoch unbedingt zu beachten: Waldschildkröten kann man gut in kleinen Gruppen zusammen halten, aber immer nur mit einem einzelnen Männchen. Selbst in einem großzügigen Freilandterrarium bekämpfen sich Männchen permanent, was zu schwereren Verletzungen führen kann.

Strahlenschildkröte
(*Asterochelys radiata*), Gray 1873

Strahlenschildkröten leben in der Natur nur im südlichen näheren Küstenbereich der Insel Ma-

*Sehr schön gezeichnetes jüngeres Weibchen der Strahlenschildkröte (*Asterochelys radiata*) von der Insel Madagaskar.*

dagaskar. Berichte von frei lebenden Strahlenschildkröten auf den beiden Inseln Mauritius und La Réunion entsprechen nicht den Tatsachen. Die Tiere wurden zwar dort eingeführt und kommen auch reichlich vor. Sie leben aber nur in Haushalten und auf Grundstücken der Bewohner und dürfen nicht in die Natur entlassen werden.

Strahlenschildkröten sind begehrte Pfleglinge, aber durch strenge Maßnahmen geschützt. Leider trifft das nur auf den Handel und die Haltung in menschlicher Obhut zu. In ihrer Heimat sind sie zunehmend gefährdet, da der Bevölkerungsdruck in den Vorkommensgebieten immer mehr wächst. Außerdem werden die Strahlenschildkröten auf Madagaskar von einigen Bevölkerungsgruppen zunehmend als Nahrungsmittel betrachtet und gegessen.

Die Strahlenschildkröten sind gut zu halten und durch ihre Schönheit und Seltenheit begehrte Pfleglinge. Jedes Tier hat eine individuelle Zeichnung, die sich im Laufe des Lebens durchaus verändert. Sie benötigen großzügige Terrarien, da speziell die Männchen viel umherlaufen und auch öfters miteinander kämpfen. Unterdrückte Männchen müssen isoliert werden, da sie sonst unter diesem Stress sehr leiden können.

Sie fressen gern Gras und Blätter, benötigen aber auch hartes Gemüse wie Karotten. In der Natur fressen sie entsprechend der Jahreszeit auch verschiedene Früchte. In der warmen Jahreszeit ist ein Aufenthalt im Freiland von Vorteil, und auch mit zwischenzeitlich niedrigeren Temperaturen kommen sie zurecht. Im Freien fressen sie gern Gras und kleine Kräuter. Mittlerweile gibt

*Gelbkopfschildkröte (*Indotestudo elongata*) aus Malaysia.*

es auch einige Nachzuchten, wobei man bei einer Übernahme auf die Einhaltung der gesetzlichen Vorschriften dieser besonders geschützten Art achten muss.

Gelbkopfschildkröte (*Indotestudo elongata*), Blyth 1853

Die Gelbkopfschildkröte lebt in weiten Teilen Asiens in tropischen und subtropischen Gebieten. Es gibt diverse Erscheinungsformen mit unterschiedlicher Größe und teilweise unterschiedlicher Panzerzeichnung mit verschiedenen Schwarzanteilen. Bis jetzt wurden noch keine Unterarten beschrieben. Sehr charakteristisch ist der auffallend gelbe Kopf. In Paarungsstimmung färbt sich vor allem bei den Männchen die Haut um die Nasenlöcher und um die Augen rosa.

Gelbkopfschildkröten sind sehr robuste Pfleglinge und benötigen in der warmen Jahreszeit unbedingt den Freilandaufenthalt. Sie fressen nahezu alles; der Autor hat sie sogar schon beim Fang verschiedener Insekten beobachtet. Trotzdem ist auf ein ausgewogenes Futter zu achten. Bei guter Pflege lassen sie sich auch gut nachzüchten. Bei einer durchaus möglichen Haltung in einer Gruppe dürfen nicht mehrere Männchen zusammen gehalten werden. Das kann lange Zeit gut gehen, aber plötzlich können wortwörtlich über Nacht erbarmungslose Kämpfe mit bis zu tödlichen Verletzungen ausgetragen werden.

Nahe Verwandte sind die Arten Celebes-Landschildkröte (*Indotestudo forstenii*), die auf verschiedenen Inseln Indonesiens lebt, und die Travancore-Landschildkröte (*Indotestudo travan-*

coria) aus einem kleinen Gebiet an der südlichen Westseite Indiens in dichten Gebirgswäldern.

Sonstige selten gepflegte Arten

- Riesenschildkröten: Diese wahrhaftig riesigen Schildkröten leben in zwei unterschiedlichen Arten mit verschiedenen Unterarten auf den Inselgruppen von Galapagos (*Chelonoides nigra*) im Pazifik und auf der Inselgruppe der Seychellen (*Dipsochelys ssp.*) im Indischen Ozean. Erwachsene Männchen können bis zu 300 Kilogramm wiegen und eine Panzerlänge von über einen Meter erreichen, Weibchen bleiben kleiner. In verschiedenen Gebieten Afrikas werden sie auch in größeren Gruppen außerhalb ihres Vorkommensgebietes gehalten. Auch dort vermehren sich die Seychellen-Riesenschildkröten. In menschlicher Obhut gibt es kleine Gruppen in Zoos und bei wenigen privaten Haltern. Dort werden sie bisher kaum nachgezogen.

- Burmesische Sternschildkröte (*Geochelone platynota*), Blyth 1863: Diese attraktive Landschildkröte wird bisher nur in wenigen Beständen gehalten. Die Nachzucht ist schon gelungen, aber sehr selten.

- Gelenkschildkröten (*Kinixys ssp.*): Es gibt verschiedene Arten von Gelenkschildkröten. Auffällig ist das bewegliche Gelenk im Panzer, das einen vollständigen Verschluss ermöglicht. Dies dient offenbar als wirksamer Schutz vor Fressfeinden. Eine Zeit lang

Weibchen der Aldabra-Riesenschildkröten (Dipsochelys ssp.) *von der Inselgruppe der Seychellen (Afrika) bei der Fütterung eines Leckerbissens.*

Weibchen der Burmesischen Sternschildkröte (Geochelone platynota).

Männchen der Glattrand-Gelenkschildkröte (Kinixys belliana nogueyi).

Männchen der Spornschildkröte (Geochelone sulcata).

gelangten Gelenkschildkröten als Landschildkrötenersatz für andere Arten in den Zoohandel. Als Bewohner tropischer Gebiete sind sie aber sehr anspruchsvoll und werden deshalb auch keine große Verbreitung als Terrarientiere haben. Einige spezialisierte Schildkrötenpfleger halten und vermehren verschiedene Arten der Gelenkschildkröten.

Landschildkröten aus nichttropischen Gebieten

Spornschildkröte (*Geochelone sulcata*), Miller 1779

Spornschildkröten stammen aus dem Sahelstreifen in Afrika, den trockenen Steppengebieten unterhalb der Sahara-Wüstenzone vor allem in Mali, Mauretanien, Niger, Senegal, Sudan und Tschad. In dieser kargen Landschaft mit langen Trockenzeiten und nur gelegentlichen, nicht regelmäßigen Regenfällen müssen diese großen Schildkröten mit viel trockenem Futter auskommen. Es gibt in diesen Gebieten kalte Nächte und extrem heiße Tage. Deshalb graben die Spornschildkröten große Höhlen, in denen sie sich sehr lange aufhalten können. Die widrigen Lebensumstände erfordern eine hohe Anpassungsfähigkeit, sodass Spornschildkröten eigentlich sehr dankbare Terrarienpfleglinge sind. Männchen erreichen Panzerlängen von fast einem Meter. Sie verfügen über große Kräfte und sind dann in der Lage, das Terrarium nach ihren eigenen Vorstellungen zu gestalten, indem sie ausdauernd auch größere Hindernisse zerstören. Bei ausreichender Fütterung und genügend Wärme lassen sich Spornschildkröten ziemlich leicht nachziehen. Die Weibchen legen im Jahr mehrere große

*Pärchen der Ägyptischen Landschildkröte (*Testudo kleinmanni*).*

Gelege. Für die Alttiere, aber speziell auch für die Jungtiere ist eine zurückhaltende Fütterung notwendig. Sie wachsen sonst sehr schnell und der Panzer kann sich nicht richtig entwickeln.

Ägyptische Landschildkröte (*Testudo kleinmanni*), Lortet 1883

Die deutsche Namensbezeichnung ist wieder etwas irreführend, denn die größten Vorkommen dieser Art gibt es nicht in Ägypten, sondern in Libyen. Weiterhin gibt es einige Beschreibungen aus Israel. Allen gemeinsam ist, dass die Lebensgebiete küstennah sind. Die Ägyptische Landschildkröte ist kleinwüchsig. Weibchen sind meist zwischen zehn und zwölf Zentimeter groß, während Männchen eine Größe zwischen acht und zehn Zentimetern erreichen. Sie sind als Terrarientiere sehr begehrt. Anfänglich gab es große Probleme bei der Haltung, aber in den letzten Jahren hat man mehr über die Lebensräume und Lebensumstände erfahren. Das führt zu mittlerweile regelmäßigen Nachzuchten, aus denen sich ein Terrarienbestand aufgebaut hat.

Bei der Pflege der Ägyptischen Landschildkröte müssen die natürlichen Lebensumstände nachvollzogen werden. In den Spätherbst, den Winter und das zeitige Frühjahr fallen die Hauptaktivitäten. In dieser Zeit herrschen im Herkunftsgebiet gemäßigte Wetterbedingungen. Nachts kann es kalt werden, aber tagsüber steigen die Temperaturen bei Sonneneinstrahlung über 20 Grad Celsius. Überall sprießt frisches Grün, da es gelegentlich regnet. In dieser Zeit paaren die Tiere sich und es werden auch die Eier gelegt.

*Argentinische Landschildkröte (*Chelonoides chilensis*).*

*Afrikanische Schnabelbrustschildkröte (*Chersina angulata*).*

Spätestens im Mai wird es dann so heiß, dass die Aktivitäten auf den frühen Morgen oder den Abend verlegt werden. Wird es noch wärmer, ziehen sich die Ägyptischen Landschildkröten in selbst gegrabene Höhlen zurück und nehmen eine Sommerruhe ein. Das alles muss den Landschildkröten dieser Art auch im Terrarium geboten werden! Ein Freilandaufenthalt ist kaum zu empfehlen, da die Tiere stark auf Veränderungen im Tagesablauf und das Umfeld reagieren.

Argentinische Landschildkröte (*Chelonoides chilensis*), Gray 1870

Diese Art wird sehr selten gepflegt, da nicht viele Tiere in Terrarienbeständen leben. Im großen Vorkommensgebiet werden sie als verschiedene Arten oder manchmal auch als Unterarten beschrieben. Die wissenschaftliche Bezeichnung *Chelonoides chilensis* ist dadurch entstanden, dass bei der Erstbeschreibung Chile als Fundort angegeben wurde. In Chile gibt es jedoch gar keine Landschildkröten, sondern sie leben in Argentinien und Paraguay. Tiere aus dem wüstenähnlichen Chaco-Bereich leben unter sehr extremen Umständen. Demgegenüber lassen sich diese Landschildkröten aus den südlicheren Lebensbereichen in Argentinien gut pflegen. Die Lebensbedingungen ähneln denen der nordafrikanischen Landschildkröten.

Afrikanische Schnabelbrustschildkröte (*Chersina angulata*), Gray 1831

Schnabelbrustschildkröten kommen in bestimmten Gebieten Südafrikas und Namibias häufig vor. Sie können sehr unterschiedlich gefärbt sein. Die Grundfarbe kann gelb, aber auch leuchtend orange sein. Der bevorzugte Lebensraum ist mit mediterranen Klimabedingungen zu vergleichen. Entsprechend müssen die Schnabelbrustschildkröten gehalten werden. Sie sind ziemlich gut unter Terrarienbedingungen zu halten, allerdings können Männchen untereinander und auch gegen Weibchen sehr aggressiv sein. Deshalb muss der Pfleger immer Möglichkeiten vorsehen, Männchen einzeln halten zu können. Haben sich die Landschildkröten eingelebt, sind Nachzuchten möglich. Dies ist allerdings noch ziemlich selten.

Innen- und Außenterrarien richtig gestalten

Für die artgerechte Haltung von Landschildkröten sind der fachgerechte Bau und die richtige Inneneinrichtung eines Terrariums von entscheidender Bedeutung für eine erfolgreiche und damit langjährige Pflege. Dabei muss auf eine Strukturierung der Lebensbereiche und auf zuverlässige Installation lebensnotwendiger Technik geachtet werden. Für tropische Landschildkröten ist ein ausreichend großes Innenterrarium ein unbedingtes Muss. Europäische Landschildkröten sollten nur bei Bedarf im Innenterrarium untergebracht sein, da ein Freilandaufenthalt für ihr Wohlbefinden unabdingbar ist. Zudem kann man erst im Freiland naturnahes Verhalten beobachten.

Für Europäische Landschildkröten braucht man in den Übergangszeiten im Frühjahr und im Herbst meist ein Innenterrarium, um schlechte Wetterphasen zu überbrücken. Das gilt vor allem bei der Aufzucht von Jungtieren. Grundsätzlich sollten Europäische Landschildkröten in der warmen Jahreszeit jedoch im Freiland gehalten werden, denn sie brauchen direktes Sonnenlicht. Auch andere wichtige Umweltreize wie Morgentau, Wind oder ein warmer Regenguss im Hochsommer sind im Innenterrarium nicht nachzuahmen. So müssen die notwendigen Lebensumstände durch den Einsatz geeigneter Technik ermöglicht werden, aber es bleibt immer nur ein Ersatz gegenüber der Haltung im Freiland. Ein Innenterrarium kann nie zu groß sein. Ausreichend Raum und eine große Grundfläche sind gute Voraussetzungen für eine artgerechte Haltung.

Die Mindestgröße wird in Deutschland durch ein Gutachten des Bundesministeriums für Verbraucherschutz, Ernährung und Landwirtschaft vorgeschrieben. Demnach soll die Länge des Terrariums bei einer Haltung von bis zu zwei Landschildkröten mindestens der achtfachen Panzerlänge des größeren Tieres entsprechen, außerdem soll das Terrarium mindestens halb so breit wie lang sein. Für mehr Schildkröten gibt es entsprechende Erweiterungen. Diese Maße sind das absolute Minimum und sollten immer überschritten werden. Für eine artgerechte Haltung muss es verschiedene Lebenszonen geben, die in der Mindestgröße kaum sachgerecht zu gestalten sind.

Artgerecht eingerichtetes Innenterrarium für Sternschildkröten im Wüsten- und Reptilienzoo Landau (Pfalz).

Wärme- und Sonnenstelle für verschiedene Reptilien in einem Innenterrarium im Wüsten- und Reptilienzoo Landau (Pfalz).

Versteckplätze für Landschildkröten (Wüsten- und Reptilienzoo Landau, Pfalz).

Lebenszonen im Terrarium

Sowohl im Innen- als auch im Außenterrarium müssen verschiedene Lebenszonen angeboten werden. Eine dieser Lebenszonen ist für Unterschlupf- oder Versteckplätze vorgesehen. Es sollten immer ein oder zwei mehr davon angeboten werden als sich Schildkröten im Terrarium befinden. Diese Versteckplätze müssen den Schildkröten das vollständige Eingraben oder Abdecken des Körpers gestatten. Nur so haben sie das Gefühl der Sicherheit, denn vom verborgenen Platz aus wird gern die Umgebung beobachtet. Eine genügende Luft- und Bodenfeuchtigkeit muss auch an diesen Stellen geboten werden. Natürliche Moose, die leicht befeuchtet werden, eignen sich sehr gut dafür. Diese Feuchtigkeit ist eine Grundvoraussetzung für die Aufzucht von Landschildkröten. So kann man damit die Verhöckerung des Panzers bei gleichzeitiger richtiger Fütterung vermeiden. Eine zusätzliche Erwärmung durch Bodenheizung ist nicht zu empfehlen, da bei falscher Anwendung der Panzer völlig unnatürliche Formen annehmen kann.

Unter größeren Wurzeln oder Steinaufbauten können solche Versteckplätze eingerichtet werden. Aber Vorsicht, dass diese Konstruktion nicht durch Grabetätigkeit zusammenbrechen kann.

Weitere Lebenszonen sind die Wärme- und Sonnenstellen. Landschildkröten sind als wechselwarme Reptilien auf die Zufuhr zusätzlicher äußerer Wärme angewiesen. Nur so können sie die Körpertemperaturen erreichen, die für das Funktionieren der Lebensfunktionen notwendig sind. Dafür müssen möglichst mehrere Sonnenplätze angeboten werden. Diese Stellen müssen nicht den ganzen Tag durchgehend beleuchtet werden. Günstiger ist es, wenn, durch Schaltuhren geregelt, die Sonnenplätze wechseln. So sind die Landschildkröten in der doch beengten Haltung im Innenterrarium zu mehr Bewegung angehalten. Dies nehmen sie gern wahr. Die Sonnenstellen sollten von den Versteckplätzen gesehen werden können, denn sobald die Lampen leuchten, bewegen sich die Schildkröten in den Morgenstunden auf diese zu. In den ersten Morgenstunden können alle Lampen leuchten, weil damit gleichzeitig auch die Luft erwärmt wird.

Im Fachhandel werden viele Lampenarten und -formen angeboten. Die benötigte Größe und Strahlungsintensität hängt von der Landschildkröten-

Geeignete Wärmelampen geben neben hellem Licht und Wärme auch UV-Anteile ab.

art und der Größe der Tiere ab. Da alle Schildkröten Licht mit Wärme verbinden, sind Lampen immer besser als nur reine Wärmestrahler. Bei der Anschaffung muss darauf geachtet werden, dass im Lichtspektrum auch Anteile der kurzwelligen UVA- und UVB-Strahlung vorhanden sind. Das gesamte Angebot an elektrischen Geräten im Fachhandel ist sicherheitstechnisch geprüft. Beim Aufbau sind die Sicherheitsrichtlinien für die elektrischen Geräte zu beachten. Im Zweifelsfall ist es immer besser, einen Fachmann um Rat und Hilfe zu bitten, als dass provisorische Basteleien die gesamte Anlage gefährden.

Eine weitere Lebenszone ist der Bewegungsraum, in den die Futter- und Wasserstellen einbezogen sind. Diese Bewegungszone sollte keine durchgehend glatte Fläche sein. Geschickt angebrachte Raumteiler wie Wurzeln, Steine oder Pflanzenbehälter verhindern den ständigen Sichtkontakt aller Schildkröten und tragen dazu bei, weniger Haltungsstress aufkommen zu lassen.

Die Wasserstelle sollte lieber etwas kleiner gestaltet und regelmäßig mit Frischwasser neu befüllt werden. Zu große Wasserbehälter werden gern als Badestellen genutzt und innerhalb kurzer Zeit durch Kotabgaben verunreinigt. Die Futterstelle muss nicht immer am selben Platz sein, denn Veränderungen zwingen die Landschildkröten zur Suche. Diese zusätzliche Bewegung ist von Vorteil. Da Landschildkröten gern klettern, können Hindernisse in Form kleiner Steine oder Holzteile auf den Laufflächen verteilt werden.

Gern werden auch Pflanzen zur Dekoration in die Terrariengestaltung einbezogen. Da gibt es eigentlich keine eingrenzenden Empfehlungen. Nur sollte man beachten, dass Landschildkröten sehr ausdauernde Kletterer sind und mit viel Geduld versuchen, an den Leckerbissen heranzukommen.

Falls die Pflanzen doch einmal mit Schädlingen besetzt sind, ist eine Behandlung dagegen außerhalb des Terrariums durchzuführen. Landschildkröten können leider sensibel auf Unkraut- oder Schädlingsbekämpfungsmittel reagieren. Eine gelegentliche Düngung der Dekorationspflanzen wird bei richtiger Anwendung nicht zu Beeinträchtigungen führen.

Die Lebenszonen im Terrarium

- Wärme- und Sonnenstellen
- Unterschlupf- oder Versteckplätze
- Bewegungsraum

Feuchtigkeit und Bodengrund

Zur regelmäßigen Pflege im Zimmerterrarium gehört das tägliche morgendliche Einsprühen mit Wasser. Damit soll der Tau in den Morgenstunden simuliert werden. Für die meisten Landschildkröten

Ansicht eines abwechslungsreich gestalteten Freilandterrariums im Reptilienzoo Landau (Pfalz).

genügt das reichliche Einsprühen kurz bevor die Wärmelampen starten. Pflegt man tropische Landschildkröten, soll auch die Regenzeit nachgestellt werden. Da muss noch einmal am Tage kräftig nachgewässert werden. Trotzdem darf keine stauende Nässe entstehen, die schnell zu Fäulnis und Schimmel führen kann. Generell empfiehlt es sich, die Terrarien so aufzubauen, dass die eingebrachte Feuchtigkeit nach zwei bis drei Stunden durch gute Belüftung und ausreichend Wärme wieder abgetrocknet ist. Zieht man junge Landschildkröten auf, ist das leichte Anfeuchten des Schlafsubstrats zwingend, um eine gute Entwicklung des Panzers zu ermöglichen.

Der Bodengrund kann in den verschiedenen Lebenszonen unterschiedlich zusammengesetzt sein. Am Schlafplatz empfiehlt sich ein lockeres Erde- und Sandgemisch, das gut die Feuchtigkeit hält und locker bleibt. In den Lauf- und Futterbereich bringt man am besten Sand und Erde mit Lehm vermischt. Dieser Boden wird nach dem Abtrocknen fest und staubt nicht so sehr. Die Sonnenstellen legt man am besten mit flächigen dünnen Steinen aus. Diese halten gut die Wärme und trocknen sehr schnell ab. Die Sonnenstellen dürfen aber nicht das gesamte Terrarium aufheizen. Es muss auch kühlere Plätze geben.

Freilandterrarien

Nahezu jede Landschildkrötenart – vor allem die Europäischen Landschildkröten – muss eine Möglichkeit zum Aufenthalt im Freien haben. Der technische Aufwand hängt von der Schildkrötenart ab. Für die artgerechte Einrichtung gibt es viele Möglichkeiten, aber einige Grundvoraussetzungen müssen erfüllt werden.

Das Außenterrarium wird nicht zu Unrecht auch Freilandterrarium genannt. Die Haltung von Landschildkröten unter natürlichen Lebensbedingungen fördert das Wohlbefinden der Schildkröten und

Volle Sonnenbestrahlung möglichst über den ganzen Tag bekommt nicht nur Schildkröten, sondern auch mediterranen Pflanzen gut.

ist Voraussetzung für eine artgerechte Haltung. Um allerdings wirklich den Lebensumständen in den natürlichen Verbreitungsgebieten nahezukommen, bedarf es einiger technischer Ergänzungen.

Bei der Auswahl der richtigen Stelle gibt nun es einiges zu beachten. Zuallererst sollte die sonnigste Stelle im Garten genutzt werden. In mitteleuropäischen Breiten ist jeder Sonnenstrahl für die Schildkröten wertvoll. Kann man Schatten durch größere Bäume oder Gebäude nicht vermeiden, ist es besser, Sonnenschein in den Vormittags- und Abendstunden zu ermöglichen und nicht nur wenige Sonnenstunden in der Mittagszeit zu nutzen.

Das Freilandterrarium muss vielfältig strukturiert werden und viel Abwechslung im Gelände anbieten. Dazu eignen sich kleine aufgeschüttete Hügel, die im Idealfall einen nach Süden flach geneigten Hang haben. Besteht dieser aus lockerem, aber nicht sandigem Boden, wird er gern als Eiablagestelle genutzt. Einige nicht zu hoch wachsende Stauden oder Sträucher, gern in Verbindung mit Wurzeln oder größeren Steinen, sorgen auch dafür, dass sich die Landschildkröten verstecken oder sich aus der Sicht gehen können. Durch die günstige Anordnung dieser Sichtblenden und Versteckplätze kann man Laufwege anbieten, die von den lauffreudigen Landschildkröten gern angenommen werden. Manche Landschildkrötenarten neigen dazu, unbedingt einen ganz bestimmten Weg gehen zu wollen, ohne wesentlich leichter zu bewältigende Strecken zu beachten. Um zu verhindern, dass sich die Schildkröten „festlaufen“, empfiehlt es sich, bei der Gestaltung der Außengrenzen keine Ecken einzuplanen. Wenn solche Stellen abgerundet verlaufen, werden die Schildkröten dies akzeptieren und entlang der Abrundung weiterlaufen. Lässt sich eine Ecke nicht umgehen, so sollte die Umrandung innen aus glattem Material bestehen und mindestens so hoch sein, dass eine aktive Landschildkröte nicht auf eine ruhende aufsteigen

Umrandung mit Holzpalisaden.

Umrandung mit Steinen.

kann und so den Rand erreicht. Die Kletterkünste mancher Landschildkrötenart dürfen nicht unterschätzt werden. Sicherheitshalber kann man die Ecke von oben abdecken.

Das Klettern ist die eine Gefahr – genauso gut können manche Landschildkröten aber auch ausdauernd graben und sich mit viel Geduld einen Tunnel unterhalb der Umfriedung herstellen. Ein tiefes Fundament oder ein senkrecht vergrabenes, nicht rostendes Drahtgeflecht können dies verhindern.

Umrandungen

Die Umrandung ist ein viel diskutiertes Thema. Ob Holzbretter, Holzpalisaden, Kunststoffplatten, Betonelemente oder gemauerte Steine verwendet werden, richtet sich nach den eigenen Ansprüchen. Alle diese Materialien sind geeignet. Die einen sind weniger langlebig, ermöglichen aber ein schnelles Umbauen, die anderen sind dauerhaft und unempfindlich gegen Verschleiß. Eine Gemeinsamkeit müssen aber alle erfüllen: Sie müssen innen so glatt sein, dass ein Hochklettern nicht möglich ist. Wer gern seine Landschildkröten immer sehen möchte, kann ein in der Zootierhaltung bewährtes Prinzip anwenden: Ein Graben, der an der Oberkante mit der Umgebung abschließt und durch dauerhafte Wände, zum Beispiel Betonplatten oder Betonpalisaden, gesichert ist, lässt so den ungestörten Blick auf die Schildkröten zu. Größere Steinhaufen oder gemauerte Umrandungen haben außerdem noch den Vorteil, dass sie sich schnell aufheizen, die Wärme gut speichern und langsam wieder abgeben.

Futter- und Wasserstellen

Zur Einrichtung eines Außenterrariums gehören selbstverständlich auch Futter- und Wasserstellen. Diese sollten gut einzusehen sein, denn zum einen kann man die Futteraufnahme der Landschildkröten sehr gut beobachten, zum anderen sieht man schnell, ob die Wasserstelle leer oder verunreinigt ist. Die häufige Kontrolle der Wasserstellen ist notwendig, da gerade Landschildkröten beim Trinken auch Kot und Urin abstoßen. Bitte nicht erschrecken, wenn der Urin weiß und teilweise fest ist. Das ist normal bei Landschildkröten!

Ein häufiger Wechsel der Futterstellen regt die Schildkröten zur Bewegung an und kommt ihrem Fressverhalten in der Natur nahe. Da wird selten

Günstige Umrandung durch Grabengestaltung.

Schutzhütte für Landschildkröten.

nur eine einzige Stelle abgeweidet, sondern beim Laufen werden junge grüne Triebe, Blätter und wenn möglich Blüten gefressen.

Schutzunterkünfte

Ein absolutes Muss unter mitteleuropäischen Wetterbedingungen ist der Bau von Schutzeinrichtungen. Dies können Schutzhütten sein, in denen die Landschildkröten sich verstecken und schlafen können. Genauso gehören für eine artgerechte Haltung Frühbeete oder sogar Gewächshäuser in die Anlage. Diese bieten in den Übergangszeiten im Frühjahr und im Herbst zusätzliche Wärme und sind auch an kühleren Sommertagen von Vorteil. Eigentlich sollte es keine Freilandanlage für Landschildkröten ohne solche Hilfen bei der Haltung geben. Mit ihnen wird viel besser der Temperaturverlauf in den Herkunftsgebieten nachvollzogen und es werden trübe regnerische Tage ausgeglichen. Bietet man innerhalb der Frühbeete oder Gewächshäuser noch Ruhe- und Versteckplätze an, werden diese sofort gegenüber denen im ungeschützten Freiland bevorzugt. Außerdem kann man mit einer zusätzlichen Wärmequelle kühle Phasen im Freiland gut ausgleichen.

Aber auch hier gibt es wieder Gefahren: Unbedingt ist für eine automatische Belüftung bei Frühbeeten oder Gewächshäusern zu sorgen. Bereits im Frühjahr können bei intensiver Sonneneinstrahlung zu hohe Innentemperaturen entstehen. Leider versuchen sehr viele Landschildkröten dann sich einzugraben, anstatt das Schutzgebäude zu verlassen. Können sie sich nicht tief genug eingraben, besteht ganz schnell die Gefahr der Überhitzung. Dies würde selbst für so wärmeliebende Tiere wie Schildkröten unweigerlich zum Tod führen. Pflegt man tropische Landschildkröten, ist der Einbau eines Gewächshauses unbedingt notwendig. Der Pfleger muss unter Umständen an kühlen feuchten Tagen die Schildkröten in das Gebäude bringen. Haben sie im Freibereich eine Versteckstelle eingenommen, sind sie bei Abkühlung nicht in der Lage, aus eigener Kraft ins schützende Gewächshaus zu laufen. Genauso kann man aber auch beobachten, dass sie sich im Schutzhaus aufwärmen und dann selbst bei kühlem Wetter ins Freiland zum Fressen gehen. Solange sie in Bewegung sind und keinen Versteckplatz bezogen haben, laufen die Landschildkröten dann wieder in das wärmende Haus.

Pflege und Ernährung rund ums Jahr

Aufgrund der arttypischen Unterschiede ist es nicht möglich, einen allgemeingültigen Pflegeplan für Landschildkröten aufzustellen. Alle Anforderungen an eine fachgerechte Pflege leiten sich vom Verhalten der Schildkröten über einen Jahreszyklus ab. Nur wer sich bei der Pflege seiner Europäischen Landschildkröten am jahreszeitlichen Rhythmus der Tiere orientiert, wird erfolgreich in der Haltung, Pflege und eventuell auch in der Zucht sein. Am Beispiel eines Schildkrötenjahres für Europäische Landschildkröten werden das jeweilige natürliche Verhalten und die dazu notwendigen Pflegemaßnahmen beschrieben.

Erstes Sonnenbad nach dem Ausgraben im Frühling.

Der Jahreszyklus

Die Winterruhe oder – besser – auch Winterstarre genannt, ist die erste Voraussetzung für einen naturgemäßen Jahresablauf. Im späten Herbst eingeleitet wird sie je nach Wetterlage, bis ins Frühjahr (Anfang oder Mitte März) dauern. Die eingegrabenen Schildkröten spüren die ersten warmen Tage und graben sich an die Oberfläche. Dort wird oft noch erdverkrustet das erste Sonnenbad genommen.

Bleibt es warm, beginnen die Frühjahrsaktivitäten. Aber leider wird es meist wieder etwas kälter und dann ist es von Vorteil, wenn man Schutzmöglichkeiten hat. Das kann ein Innenterrarium sein oder noch besser im Freiland ein Frühbeet oder gar ein Gewächshaus. Wenn diese noch mit einer zusätzlichen Wärmequelle versehen sind, kann das normale Frühjahrsverhalten weiterlaufen. Zunächst wird erst einmal gierig Wasser aufgenommen; anschließend beginnt dann auch die Futteraufnahme. In dieser Phase benötigen die Landschildkröten viel frisches Grün von draußen. Im Kapitel „Die Ernährung“ (ab Seite 55) wird näher darauf eingegangen. Ausgesprochen ungeeignet wäre jetzt das Verfüttern von Salaten aus dem Supermarkt. Diese enthalten bei Weitem nicht die Fülle an Nährstoffen, die in frischen Kräutertrieben in der Natur vorkommen.

Im Frühjahr beginnt bei ausreichender Wärme und genügend Futterzufuhr die Paarungsphase. Geschlechtsreife Männchen laufen jetzt unermüdlich durch das Freilandterrarium und suchen Weibchen. Sind zu viele Männchen im Terrarium oder ist dieses zu klein, kommt es ganz schnell zu Machtkämpfen. Diese können durchaus blutig enden, denn die Männchen versuchen sich in den Kopf und in die Beine zu beißen. Kleine, unterlegene Männchen müssen dann separiert werden! Die überlegenen Männchen kümmern sich natürlich auch um die Weibchen und balzen diese pausenlos an. Dabei werden zuerst Rammstöße gegen den seitlichen Panzer der Weibchen getätigt. Dieses Geräusch ist ziemlich weit zu hören. Dann umkreisen die Männchen die Weibchen mit schnellen Bewegungen und versuchen auch in die Beine zu beißen. Damit soll wahrscheinlich das Weiterlaufen der Weibchen behindert werden. Kommt es dazu, steigen die Männchen ganz schnell von

Paarung von Griechischen Landschildkröten.

hinten auf. Während des Paarungsbemühens und der Paarung werden vom Männchen pfeifende Laute ausgestoßen und das Maul wird weit aufgerissen.

Gegen Ende Mai bis Anfang Juni lassen die Paarungsaktivitäten langsam nach und die Weibchen beginnen nach geeigneten Eiablageplätzen zu suchen. Das ist gut daran zu erkennen, dass sie auch am Tag scheinbar ruhelos im Freiland herumlaufen und an warmen Stellen den Boden testen. Dabei setzen sie ihre Nase ein und beschnüffeln die mögliche Eiablagestelle. Was die Weibchen genau testen, ist noch nicht fundiert untersucht worden, aber es ist anzunehmen, dass sowohl die Feuchtigkeit des Bodens als auch die Wärmespeicherfähigkeit und eventuelle Fremdgerüche nachgeprüft werden. Oft wird an einem solchen Platz eine kleine Probegrabung vorgenommen. Dabei werden wahrscheinlich die Bestandteile des Bodens geprüft. Ist die Stelle geeignet, wird gegraben. Oft kann man mehrere Weibchen gleichzeitig am selben Platz bei den Grabeaktivitäten beobachten. Interessanterweise haben die meisten Eiablagestellen die gleichen Eigenschaften:

- die Nähe eines oder mehrerer wärmespendender Steine;
- einen kleinen Busch oder ein größeres Grasbüschel als Deckung;
- lockeren, aber nicht sandigen Boden;
- einen leicht nach Süden geneigten Hang.

Solche Plätze werden auch in der Natur bevorzugt. Stößt ein Weibchen während des Grabens auf zu viele Steine oder zu starke Wurzeln, wird der Grabevorgang unterbrochen. Dann geht es an einer anderen Stelle in der Nähe weiter. Bevor die Weibchen anfangen zu graben, sind sie sehr vorsichtig.

Werden sie bei der Suche oder bei der beginnenden Grabung gestört, brechen sie meist den Vorgang ab. Sind sie aber erst einmal mitten beim Graben, hält sie nichts mehr auf. Vorsichtig wird eine nach unten erweiterte Höhle in 10 bis 15 Zentimetern Tiefe angelegt. Mit viel Geduld werden mit den Hinterfüßen kleine Erdpartien nach oben befördert und seitlich abgelegt. Dann beginnt – manchmal erst nach einer Stunde – die Eiablage. Mit viel Anstrengung wird jedes einzelne Ei aus der Kloake herausgepresst. Das Ei wird mit den Hinterfüßen aufgefangen und vorsichtig an seine Ablagestelle gerollt. Manchmal fallen die Eier mit einem hörbaren Klacken auf die bereits im Nest befindlichen Eier. Trotzdem werden auch diese Eier dann vorsichtig an die gewünschte Stelle gerollt. Ist die Eiablage beendet, wird die Höhle locker mit Erde gefüllt. Die nach oben führende Grabröhre wird dagegen fest mit Erde verschlossen und mit den Hinterfüßen eingestampft. Manchmal wird dazu sogar das hintere Panzerende benutzt. Mit den Hinterfüßen werden dann die restlichen Erdteile verteilt und die Eigrube wird vollständig geschlossen. Mit viel Geduld tarnen dann die Weibchen die Stelle durch geschicktes Verteilen der Erde. Meist ist die Ablagestelle nach kurzer Zeit nicht mehr zu erkennen. Nach drei bis fünf Wochen kann sich der ganze Vorgang noch einmal wiederholen. Unter Terrarienbedingungen mit reichlich Futter legen manche Weibchen noch ein drittes oder gar viertes Mal ab. Viele Halter beklagen, dass in dieser Phase die Männchen immer noch „paarungswütig" sind und den Weibchen unvermindert nachstellen. Die Weibchen kommen nicht zur Ruhe und können auch nicht unbedrängt ihre Eier legen. Das kommt in der Natur nicht vor, sondern meist nur unter Terrarienbedingungen.

Die Gründe dafür sind sehr einfach: In der Natur beginnt in den Heimatländern der Europäischen Landschildkröten spätestens Ende Juni der heiße Sommer. Die Temperaturen steigen immer mehr an und das Futter trocknet ab. Damit ist die Balzphase beendet. Unter mitteleuropäischen Klimaverhältnissen sieht es jedoch etwas anders aus. Hier gibt es um diese Zeit noch keine durchgängig heißen Tagestemperaturen und selbst die Nachttemperaturen können noch niedrig sein. Das bedeutet für die Männchen: Es ist noch Frühling, also Paarungszeit. Ein richtig eingerichtetes Freilandterrarium hat mindestens ein Frühbeet oder möglichst ein Gewächshaus. Darin halten sich dann die Landschildkröten besonders gern auf. Die dort wesentlich höheren Temperaturen und die niedrigere Luftfeuchtigkeit simulieren den mediterranen Sommer und die Paarung wird beendet.

Im Hochsommer bei heißen Wetterperioden zeigen sich die Europäischen Landschildkröten vor allem in den Morgen- und Abendstunden. In dieser Zeit wird gern Futter aufgenommen. Dieses sollte angetrocknet und faserreich sein. Die restliche Zeit wird gern an schattigen Plätzen oder in Versteckstellen verbracht.

Im Spätsommer und frühen Herbst werden morgens und vormittags gern Sonnenstellen aufgesucht. Das Sonnenbad dauert wesentlich länger und es wird auch weniger Futter aufgenommen. In dieser Zeit werden oft die Männchen noch einmal aktiv und versuchen sich mit den Weibchen zu paaren. Diese Herbstpaarung ist wichtig. Viele erfahrene Schildkrötenhalter sind davon überzeugt, dass diese Paarung bereits wichtig für die Befruchtung der im nächsten Jahr abgelegten Eier ist.

Im Herbst werden bei Sonnenstrahlung noch ein paar Sonnenbäder genommen, aber es wird kaum noch gefressen. Kühlere Tage werden durchgehend

Bei abnehmenden Temperaturen im Herbst werden Landschildkröten immer passiver, suchen gern Verstecke auf und bereiten sich auf die Winterstarre vor.

im Versteck verbracht. Ein Frühbeet oder Gewächshaus verlängert auch hier die Saison. Gegen Ende des Herbstes graben sich die Landschildkröten ein und fallen bei niedrigen Temperaturen in die Winterstarre. Das Schildkrötenjahr ist beendet!

Winterstarre

Wenig erfahrene Halter von Europäischen Landschildkröten sorgen sich oft, ob die in Winterstarre verfallenen Tiere auch wirklich wieder aufwachen, und fragen sich, ob die Winterstarre überhaupt notwendig ist. Ein Hauptargument für die richtige Überwinterung ergibt sich bei der Betrachtung der Lebensumstände im natürlichen Vorkommen: Für alle Europäischen Landschildkröten gibt es in der Natur eine kalte Jahreszeit, in der nicht die lebensnotwendigen Körpertemperaturen erreicht werden können. Deshalb haben sich die Landschildkröten daran angepasst und verbringen die unwirtliche Zeit mit einer Winterruhe. Dort, wo es richtig kalt wird, werden die Körperfunktionen völlig heruntergefahren. Dann sprechen viele Schildkrötenexperten auch von der Winterstarre. Das sind ganz normale Lebensvorgänge! Jeder Pfleger von Schildkröten hat die Pflicht, seine Tiere artgerecht zu halten. Das fordert nicht nur das Tierschutzgesetz, sondern es muss für jeden eine moralische Verpflichtung sein.

Der wichtigste Punkt für die richtige Durchführung von Winterruhe und Winterstarre ist die naturähnliche Vorbereitung der Landschildkröten auf diese Phase. Leider liest man immer noch in der Literatur, dass eine Wurmbehandlung vor der Winterruhe notwendig wäre. Das ist falsch! Eine Wurmbehandlung kann nur dann erfolgreich sein, wenn die Landschildkröten sich in einer Aktivitätsphase befinden und alle Körperfunktionen optimal verlaufen. Das ist im Herbst nicht mehr der Fall. Oft führen schon Ende September kühle Nachttemperaturen dazu, dass die Nahrungsaufnahme nahezu eingestellt wird. Werden jetzt im Körper vorhandene Würmer durch eine Behandlung abgetötet, können sie nicht mehr vollständig aus dem Körper ausgeschieden werden. Wird eine solche Behandlung im Sommer durchgeführt, ist der Verlauf immer erfolgreicher.

Europäische Landschildkröten, die im Freilandterrarium gehalten werden, werden mit abnehmenden Tages- und Nachttemperaturen immer passiver. Nur bei Sonneneinstrahlung suchen sie Sonnenplätze auf, ansonsten bleiben sie schon in den Verstecken verborgen. Sie fressen kaum noch, trinken dafür aber noch gern ausgiebig. Diese Vorgänge kann man durch die Haltung im Frühbeet oder Gewächshaus zeitlich verzögern. Unbedingt ist darauf zu achten, dass auch in der Schutzunterkunft eine saubere Trinkmöglichkeit vorhanden ist. Die Möglichkeit des Trinkens macht das oft beschriebene Bad vor der Winterruhe unnötig. Spätestens Ende Oktober oder Anfang November graben sich die Landschildkröten in den Boden und gehen in die Winterruhe über.

Es gibt vier grundlegende Möglichkeiten, wie die richtige Ruhe durchgeführt wird: Die erste Möglichkeit besteht darin, dass man die Schildkröten sich im Freiland selbst eingraben lässt und darauf vertraut, dass sie die richtige Stelle gewählt haben. Dabei geht der Schildkrötenhalter aber ein hohes Risiko ein, denn bei einem richtig kalten Winter kann der Boden so weit durchfrieren, dass die ruhenden Landschildkröten vom Frost erfasst werden. In Deutschland ist diese Form der Überwinterung eigentlich nur im milderen Oberrheingraben eventuell zu praktizieren.

Wesentlich günstiger ist das kontrollierte Eingraben im Frühbeet oder Gewächshaus. Lockerer, leicht angefeuchteter Gartenboden wird gern angenommen. Diese Überwinterungsstelle im Boden sollte rundum von einem eingegrabenen Drahtgeflecht umgeben sein. Das begrenzt die Eingrabtiefe der Schildkröten und schützt im Winter vor ins Schutzhaus eindringenden Mäusen oder gar Ratten – einer oft unterschätzten Gefahr. Deshalb muss die Stelle, in der die Landschildkröten eingegraben sind, auch von oben durch ein Drahtnetz gesichert werden. Deckt man den Platz zusätzlich mit wärmedämmenden Materialien ab, kann auch kein Frost eindringen. Dies ist außerdem im späten Winter oder zeitigen Frühjahr bei Wärmeeinbrüchen von Vorteil, weil die kurz ansteigenden Außentemperaturen die in der Erde vergrabenen Schildkröten nicht erreichen. Wird es Mitte bis Ende März wärmer, entfernt man die Isolierschicht, und wenn es warm genug ist, graben sich die Landschildkröten von selbst aus. Diese Form der Überwinterung ist die natürlichste und bekommt den Schildkröten bei richtiger Durchführung am besten, da sie während der ganzen Überwinterungsphase nie gestört wurden.

Die dritte, häufig praktizierte Methode ist die gezielte Unterbringung in einer Überwinterungskiste. Das Material dieser Kiste ist nicht so wichtig; viel wichtiger ist der richtige Aufstellort. Die Temperatur von 6 Grad Celsius darf auf keinen Fall überschritten werden. Genauso wenig darf Frost die Kiste erreichen. Deshalb sind die häufig verwendeten Garagen ungeeignet, da es hier sehr schnell zu Temperaturschwankungen kommt. Sehr geeignet sind tiefe alte Keller, in denen meist auch noch eine ausreichende Luftfeuchtigkeit herrscht. Leider werden solche Räume immer seltener. Herrschen in so einem Raum Temperaturen zwischen zwei und fünf Grad Celsius, so werden damit die optimalen Überwinterungstemperaturen angeboten. Der Pfleger bestimmt dann selbst den Zeitpunkt, wenn er die Ruhephase abbricht und die Europäischen Landschildkröten wieder aufweckt. Aber Vorsicht vor einer zu schnellen Vorgehensweise.

Interessanterweise haben sehr viele Landschildkröten ein Gespür dafür, wann es auch draußen wieder wärmer wird, und sie graben sich von selbst aus und sitzen dann an der Oberfläche der Überwinterungskiste. Übrigens ist das Substrat für die Füllung der Kiste nicht so entscheidend. Das Material sollte natürlich sein, nicht zum Faulen oder Schimmeln neigen und etwas Feuchtigkeit gut halten. Das kann Gartenerde, aber auch festes Laub sein.

Die vierte Möglichkeit ist eine neue, moderne Form. Viele Schildkrötenhalter haben in ihrem Haus keinen ungeheizten Raum, der die oben genannten Temperaturen konstant bieten kann. Also muss eine technische Hilfe her. Dafür absolut gut geeignet sind Kühlschränke. Dabei ist es gleich, ob es ein belüfteter Getränkeschrank oder ein ganz normaler Kühlschrank ist.

Die Schildkröten können einzeln, aber auch in kleinen Gruppen im Substrat überwintern. Die richtige Temperatureinstellung sollte man vor dem Einsetzen testen, damit keine Korrekturen und damit Störungen durch Veränderungen auftreten. Die Landschildkröten dürfen nur so wenig wie möglich gestört werden. Das gelegentlich empfohlene wöchentliche Wiegen der Tiere sollte unterbleiben, da es eine permanente Störung für die Tiere bedeutet. Wichtig ist das regelmäßige Belüften. Da reicht nur das gelegentliche Öffnen der Tür. Bei der Gelegenheit muss die Feuchtigkeit im Substrat kontrolliert werden, da im Kühlschrank durch den Kühlvorgang der Luft Feuchtigkeit entzogen wird. Der kurzzeitige Lichteinfall beeinträchtigt die Winterstarre nicht.

Im Frühjahr kann man durch langsames Anheben der Temperatur die Winterruhe beenden. Diese Form der Überwinterung setzt sich immer mehr durch und ist auch zu empfehlen, wenn man nicht die oben genannten Methoden nutzen kann.

Winterruhe statt Winterstarre

Einige Unterarten der Maurischen Landschildkröten und auch die Ägyptische Landschildkröte (*Testudo kleinmanni*) dürfen nicht in eine Winterstarre gebracht werden.

Sie leben in küstennahen Gebieten Nordafrikas, in denen die Wintertemperaturen kaum bis an die Frostgrenze gehen. Zur Winterzeit bewegen sich die Lufttemperaturen zwischen 10 und 20 Grad Celsius, wobei die Sonne immer noch eine spürbare Wärmestrahlung abgibt. Unter diesen Wetterbedingungen sind die Landschildkröten sogar ziemlich aktiv. Zwar gibt es immer wieder einige Kälteeinbrüche, die die Schildkröten passiv in Verstecken oder Höhlen als Winterruhe überstehen. Dabei werden die Lebensfunktionen jedoch nicht heruntergefahren. Bei der Terrarienhaltung ist unbedingt zu beachten, dass es deutliche Temperaturunterschiede zwischen Tag und Nacht geben muss. Nach einer kühlen oder gar kalten Übernachtung müssen Wärmestrahler eine schnelle Erwärmung an der Sonnenstelle ermöglichen, wobei die Lufttemperatur möglichst nicht 20 Grad Celsius übersteigen darf.

Im Sommer müssen die Lufttemperaturen sehr stark ansteigen, damit diese Landschildkröten im natürlichen Biorhythmus in eine ein- bis zweimonatige Sommerruhe gehen können.

Ein Obstteller sieht zwar schön aus, ist aber in dieser Zusammensetzung für Landschildkröten als Futter völlig ungeeignet.

Die Ernährung

Die richtige schildkrötengerechte Ernährung, die hauptsächlich aus Futter bestehen sollte, das der Natur entnommen wurde, ist lebensnotwendig für Landschildkröten. Nicht alles, was sie gern fressen, ist als Futter geeignet. Zum Verständnis dafür ist die genaue Kenntnis des Verdauungsvorgangs äußerst wichtig. Nur so sind Beeinträchtigungen und Krankheiten zu vermeiden.

Mit falscher Fütterung werden bei der Haltung von Landschildkröten leider immer noch die meisten Fehler gemacht. Natürlich sind Tomatenstückchen, frische Salatblätter, Obst oder gar Bananen ausgesprochene Leckerstückchen.

Doch bereits die nicht allzu häufige Verfütterung kann bei Landschildkröten zu nicht mehr korrigierbaren Verdauungsschädigungen führen. Ein Vergleich sei hier gestattet: Kinder essen für ihr Leben gern Schokolade und Süßigkeiten. Wer käme aber auf die Idee, diese Leckerbissen als Hauptnahrungsmittel seinen Kindern anzubieten? Dabei ist der menschliche Verdauungsapparat sogar noch viel flexibler als jener der Landschildkröten.

Ein guter Kalklieferant sind Sepiaschalen, die im Fachhandel erhältlich sind.

Große Männchen der Aldarbra-Riesenschildkröten können bei richtiger Fütterung bis zu 300 Kilogramm schwer werden.

Wie funktioniert die Verdauung?

Generell sind Landschildkröten Pflanzenfresser. Sie zerteilen ihre Nahrung beim Fressen nicht, sondern Pflanzenteile werden durch die scharfen Hornschneiden an Ober- und Unterkiefer im Ganzen abgebissen. Die Zunge dient nur dazu, das abgebissene Stück in den Rachen zu schieben. Der Magen ist ein kräftiger Muskel, der wahrscheinlich auch mithilfe kleinerer mitgefressener Steinchen die Nahrung zerreibt. Im Magen werden Stoffe abgesondert, die die Eiweißverdauung beginnen. Die Menge dieser Stoffe ist temperaturabhängig. Durch diese Form der Verdauung werden Giftstoffe, die in manchen Futterpflanzen enthalten sind, nicht wie bei Warmblütlern freigesetzt. Anschließend beginnt die komplette Verdauung im Dünndarm. Dort werden die Pflanzenteile durch Speichel weiter aufbereitet und gelangen dann in den Blinddarm. Dieser dient gemeinsam mit dem Dickdarm der vollständigen Verdauung. Hier lebt eine Vielzahl von Mikroorganismen, die für den Verdauungsvorgang wichtig sind.

Deshalb wird von einem erfahrenen Tierarzt nach einer Behandlung mit Antibiotika der Darm mit verdauungsfördernden Mikroorganismen versorgt. Aber die Schildkröten haben auch selbst ein Gespür dafür, wenn ihre Darmflora Unterstützung braucht, und fressen deshalb manchmal den Kot von Artgenossen. Das trifft vor allem für die Jungtiere und Schlüpflinge zu. Da der Verdauungsvorgang temperaturabhängig ist und die Aufbereitung faserreicher Nahrung auch länger dauert, sind der Blinddarm und vor allem der Dickdarm sehr lang. Damit genügend Zeit zur Verdauung aller Bestandteile zur Verfügung steht, ist die Landschildkröte auf faserreiches, ballaststoffhaltiges Futter angewiesen. Frische, leichte Salatblätter oder Obst passieren den Verdauungstrakt in viel zu kurzer Zeit, worunter Blinddarm und Dickdarm leiden. Außerdem werden wertvolle Nahrungsbestandteile wie Fasern,

Löwenzahnblüten sind beliebte Leckerbissen.

Fette, Proteine und Mineralien nicht aufgenommen, da sie nicht aufgeschlossen werden können.

Die beiden wichtigsten Mineralstoffe sind Phosphor und Kalzium.

Kalzium ist der Hauptbestandteil des Knochengerüsts und des Panzers. Weiterhin sind viele andere Körperfunktionen auf Kalzium angewiesen. Die Schalenbildung der Eier ist ebenfalls von der ausreichenden Kalziummenge abhängig. Steht nicht genügend Kalzium aus der Nahrung zur Verfügung, werden bei den Weibchen die notwendigen Anteile aus den Knochen und dem Panzer entzogen und fehlen dort. Zu geringe Mengen an Kalzium und Phosphor führen bei Jungtieren zu Mangelerscheinungen wie Rachitis.

Durch richtiges Futter wird das optimale Verhältnis von Kalzium und Phosphor ermöglicht. Es sollte Tierärzten zufolge ungefähr bei Zwei zu Eins liegen. Damit die Schildkröte das aufgenommene Kalzium richtig für den Knochenaufbau verwenden kann, ist Vitamin D3 lebensnotwendig. Dieses bildet sich beim Einwirken von UV-Strahlen aus Vorstufen in der Nahrung. UV-Strahlung ist Bestandteil des natürlichen Sonnenlichts, und deshalb ist das Sonnenbad von höchster Bedeutung. Im In-nenterrarium kann mittlerweile durch entsprechende Lampen auch der richtige UV-Strahlungsanteil angeboten werden. Diese Lampen sind nicht billig, aber lebensnotwendig bei einer vollständigen oder teilweisen Innenhaltung. Andere Vitamine, wie zum Beispiel Vitamin A, sind Bestandteile vieler natürlicher Futterpflanzen und machen eine richtige Fütterung unerlässlich.

Salat und Obst vermeiden

Wenn man jetzt die Bestandteile vieler bevorzugter Futterarten ansieht, zeigt sich, warum Fachleute von der Verfütterung bestimmter Salate und von Obst abraten. So findet man in Salaten – wie dem beliebten Eisbergsalat – sogar ein negatives

Königskerze.

Klatschmohn.

Spitzwegerich.

Lungenkraut.

Kalzium-Phosphor-Verhältnis. Gleiches gilt auch für Feldsalat. Ein annehmbares Verhältnis haben Endivien- und Römersalat, Rucola und Kopfsalat. Trotzdem ist vom Kopfsalat eher abzuraten, da er keine Ballaststoffe enthält.

Die beliebten Tomaten haben ebenso wie Gurken, Paprika und Kürbis ein extrem negatives Verhältnis zwischen Kalzium und Phosphor. Sie sind also schon in kleineren Mengen als Futter völlig ungeeignet.

Sobald in der heimischen Natur Futter heranwächst, sind Salate, Gemüse und Obst aus dem Handel ohnehin nicht mehr notwendig. Es gibt eine Vielzahl wilder Kräuter und Pflanzen, die als Schildkrötenfutter sehr geeignet sind. Unter Beachtung der Eigentumsverhältnisse der entsprechenden Futterquellen kann der interessierte Pfleger sehr abwechslungsreiches Futter finden und seinen Landschildkröten anbieten. Alle im Folgenden aufgezählten Futterpflanzen aus der heimischen Natur haben ein günstiges Kalzium-Phosphor-Verhältnis und sind in der Mischung als Futter geeignet. Hat man genügend Pflanzen zur Verfügung, kann man diese trocknen und später im Sommer als ballaststoffhaltiges Futter

Abwechslungsreiche Futterwiese.

Verschiedene Distelarten sind als Futter möglich.

anbieten. Es macht nichts, wenn Landschildkröten einmal wöchentlich einen Hungertag haben. Sie gehen dann besonders aktiv auf Futtersuche und fressen auch getrocknetes Futter.

Wichtige Futterpflanzen

- Gemeiner Löwenzahn (*Taraxacum officinale*): Bekannteste Futterpflanze für Landschildkröten. Blüht von März bis in den Sommer, bleibt aber als Pflanze bis zum Beginn des Winters erhalten. Alle Teile können als Futter verwendet werden.
- Gänsedisteln (*Sonchus ssp.*): Die verschiedenen Arten werden allesamt gern gefressen. An Bruchstellen sondern die Pflanzen einen milchigen Saft ab. Alle Teile – auch die gelben Blüten, die vom späten Frühjahr bis in den Herbst möglich sind – sind bei Schildkröten ausgesprochen beliebt. Die Stängel, die im Laufe des Sommers sehr fest werden, nutzen die Hornschneiden der Kiefer gut ab.
- Wegerich (*Plantago ssp.*): Breitwegerich, Mittlerer Wegerich und Spitzwegerich sind bestes Schildkrötenfutter. Sie wachsen fast das ganze Jahr und haben ein ausgewogenes

Wilde Malve.

*Strahlenschildkröten (*Asterochelys radiata*) fressen auch sehr gern abgetrocknete Gras- und Pflanzenteile.*

Mineralstoffverhältnis. Außerdem sind die festen Blätter und Stängel sehr ballaststoffhaltig.

- Brennnessel (*Urtica dioica*): Die Brennnessel wird oft als Futterpflanze unterschätzt. Landschildkröten empfinden das Nesselgift an den Pflanzen ganz anders als Menschen. Fast alle Arten mögen die fast ganzjährig verfügbaren Brennnesseln als Futter. Besonders gern werden sie als getrocknetes Heu gefressen. Die Pflanzen selbst sind sehr vitamin- und ballaststoffhaltig.
- Taubnessel (*Lamium ssp.*): Die verschiedenen Arten von Taubnesseln haben im Gegensatz zur ähnlich aussehenden Brennnessel keine Nesselhaare. Alle Pflanzen sind ein sehr gutes Futter, das weitgehend das ganze Jahr zur Verfügung steht. Blätter und Blüten werden sehr gern gefressen und eignen sich hervorragend als Trockenfutter.
- Klatschmohn (*Papaver rhoeas*): Alle Mohnarten sind im Frühjahr und Frühsommer ein fast überall zur Verfügung stehendes Futter. Auch in den Heimatbiotopen der mediterranen Landschildkröten ist Mohn in der entsprechenden Jahreszeit ein wichtiges Naturfutter. Alle Pflanzenteile werden auch im getrockneten Zustand gern gefressen. Die roten Blüten verschmäht keine Landschildkröte.
- Klee (*Trifolium ssp.*): Alle Arten von Klee, die fast ganzjährig an vielen Stellen wachsen, sind ein Lieblingsfutter für Landschildkröten. Auf einer mit vielen verschiedenen Pflanzen durchmischten Futterwiese wird Klee gern selektiv herausgefressen. Etwas Vorsicht ist

aber notwendig: Bei einem zu hohen Futteranteil besteht die Gefahr, dass der sehr eiweißhaltige Klee zu gehaltvoll ist. Das kann zu einem unverhältnismäßig schnellen Wachstum von Jungtieren führen.

- Disteln (*Cirsium ssp.*): Viele Halter von Landschildkröten trauen sich nicht, die verschiedenen Distelarten zu verfüttern. Schlecht informierte Ratgeber warnen vor den angeblich unverdaulichen Stacheln. Dem ist nicht so! In den Heimatgebieten der Landschildkröten sind Disteln als Futterpflanzen von großer Bedeutung. Sie wachsen auch auf kargem, trockenem Boden und stehen fast das ganze Jahr zur Verfügung. Junge Blätter und Triebe sind sehr vitaminreich und haben ein ausgewogenes Mineralienverhältnis. Ältere Pflanzen bekommen feste Blätter und Stängel und werden trotzdem gern gefressen. Der hohe Ballaststoffanteil und der derbe Aufbau fördern die Abnutzung der Hornleisten und unterstützen die Verdauung.
- Wilde Malve (*Malva silvestris*): Diese Pflanzen sind ebenfalls ein sehr naturnahes Futter. Wilde Malven wachsen auf fast jedem Boden und sind sehr ausdauernd, auch bei Trockenheit. In vielen mediterranen Landschaften kann man die kleinen Sträucher und ihre violetten Blüten auch im Hochsommer sehen. Malven säen sich selbst aus und können in einem Freilandterrarium ein stets zur Verfügung stehendes Futter sein, wenn man einige Pflanzen vor dem Gefressenwerden schützt. Jede einzelne Blüte ist für Landschildkröten eine Delikatesse.
- Königskerze (*Verbascum ssp.*): Die Königskerzenarten fallen vor allem im Sommer durch ihre hohen säulenartigen Blütenstände auf. Alle Teile dieser Pflanzen werden sehr gern gefressen, wobei die sich täglich erneuernden gelben Blüten ein besonderer Leckerbissen sind. Schützt man die Blattrosette, fällt jeden Tag eine Vielzahl von Blüten zu Boden. Die Blattrosetten der Königskerzen kann man fast das ganze Jahr über finden. Sie stellen ein erstes natürliches Futter im Frühjahr dar.

Weitere geeignete Futterpflanzen:

- Wiesenschaumkraut
- Weicher Storchschnabel
- Ackerwinde
- Luzerne
- Zaunwicke
- Echtes Lungenkraut
- Gemeine Wegwarte
- Huflattich
- Fingerkraut
- Habichtskraut
- Vogel-Sternmiere
- Gemeiner Frauenmantel
- Gemeine Schafgarbe

Giftige Pflanzen

Es gibt einige für Schildkröten giftige Pflanzen, vor deren Verfütterung gewarnt werden muss. Oftmals kann ein Schildkrötenhalter beobachten, dass seine Landschildkröten Pflanzen fressen, die für Menschen und andere Warmblütler giftig sind. Der Verdauungsvorgang bei Landschildkröten, der ohne nennenswerte Mengen an Magensäure auskommt, ermöglicht dies. Trotzdem sollte der verantwortungsbewusste Pfleger solche Giftpflanzen nicht auf den Speiseplan seiner Landschildkröten setzen. Es gibt sehr unterschiedliche Beobachtungen und die wissenschaftlichen Arbeiten zu diesem Thema sind noch nicht allzu umfangreich. Viele Pflanzen werden von den Landschildkröten sowieso gemieden, aber Vorsicht ist immer angebracht. Ist man sich nicht sicher, ist es besser, auf das Verfüttern unbekannter Pflanzen zu verzichten.

Hier eine Liste einiger Giftpflanzen, deren Verfütterung vermieden werden muss:

- Eibe (*Taxus ssp.*)
- Engelstrompete (*Brugmansia ssp.*)
- Gemeiner Efeu (*Hedera helix*)
- Maiglöckchen (*Convallaria majalis*)
- Nachtschattengewächse (*Solanum ssp.*)
- Oleander (*Nerium oleander*)
- Pfingstrose (*Paeonia ssp.*)
- Rhododendron (*Rhododendron ssp.*)
- Schachtelhalm (*Equisetum ssp.*)
- Schöllkraut (*Chelidonium majus*)
- Wolfsmilch und fast alle anderen Euphorbien

Häufige Haltungsprobleme

Was tun, wenn die Schildkröte sich verletzt? Oder wenn sie ein passives Verhalten an den Tag legt? Themen wie diese beschäftigen viele Schildkrötenhalter immer wieder. Die Ursachen sind vielfältig und deshalb gilt grundsätzlich, dass Verletzungen und Erkrankungen vom Fachmann, also dem in der Behandlung von Reptilien erfahrenen Tierarzt, versorgt werden müssen. Nur bei kleinen Verletzungen und geringen Befindlichkeitsstörungen kann der Pfleger selbst Erfolg versprechend helfen.

Kleinere Verletzungen und Parasiten

Kleine Verletzungen, die immer einmal vorkommen können, lassen sich meist mit wenig Aufwand behandeln, indem man die Wunde mit Hausmitteln säubert und etwas desinfizierende Wundsalbe aufträgt. Bessert sich der Zustand allerdings nicht schnell, darf man nicht zu lange zögern, sondern muss im Interesse seines Tieres rechtzeitig den Tierarzt aufsuchen.

In der Paarungszeit kommt es vor, dass die Weibchen durch Überaktivitäten der Männchen an den Beinen oder sehr häufig im Bereich der Kloake verletzt werden. Da reichen schon kleine unerkannte Wunden, um bestimmte Aasfliegen anzuziehen. Diese legen ihre Eier an die Wunde und innerhalb kürzester Zeit entwickeln sich daraus die Fliegenmaden, die sich in die Wunde hineinfressen und diese immer mehr infizieren. Das kann zum Tod der Schildkröten führen. Deshalb sind speziell in der Paarungszeit und kurz danach die Weibchen genau zu beobachten. Wirkt ein weibliches Tier deutlich inaktiv, so muss man spätestens dann den unteren Teil des Körpers genau betrachten. Fliegeneier und gerade geschlüpfte Maden kann man noch mit warmem Wasser abspülen. Ist der Befall intensiver, muss man die Schildkröte zum Tierarzt bringen. Er entscheidet dann über die Form der Behandlung. Vor eigenen Versuchen mit irgendwelchen Chemikalien kann nur gewarnt werden.

Es gibt eine Vielzahl von Krankheitserregern und Parasiten, die im Körper einer Landschildkröte nachgewiesen werden können. Der Nachweis bedeutet aber noch lange nicht, dass die Schildkröte ernsthaft erkrankt ist. Erst bei ungünstigen Lebensbedingungen – zu kalte Haltung, falsches Futter, permanenter Stress durch zu viele Tiere im Terrarium – können diese Erreger überhandnehmen und die Landschildkröten gefährden.

Einige Parasiten wie Fadenwürmer oder Zecken sind auch in der Natur fast immer in oder an einer Landschildkröte zu finden. Erst nach einer Kotprobe kann der Tierarzt entscheiden, ob eine Behandlung gegen die Fadenwürmer notwendig

*Westliche Griechische Landschildkröte (*Testudo hermanni hermanni*) beim Bad.*

ist. Zecken treten bei langjährig im Terrarium gepflegten Landschildkröten normalerweise kaum mehr auf.

Passives Verhalten

Wirkt eine Landschildkröte über mehrere Tage schlaff und etwas teilnahmslos und hat ein warmes Bad mit kontrollierter Kotabgabe keine Besserung ergeben, darf nicht groß herumexperimentiert werden. Das warme Bad und ausgiebiges Trinken sollen den Stoffwechsel anregen. Erfolgt darauf keine Reaktion, muss die Schildkröte zum Tierarzt gebracht werden. Nur er kann anhand des Blutbildes, einer mikroskopischen Kotuntersuchung und eines Röntgenbildes eine genaue Diagnose stellen.

Das Gleiche gilt auch, wenn über mehrere Tage aus Nase und Mund Flüssigkeit austritt. Der Tierarzt muss untersuchen, ob es sich um eine harmlose Erkältung oder gar eine Herpeserkrankung handelt. Die Erkältung kann mit entsprechenden Methoden und Medikamenten behandelt werden. Eine Herpesinfektion ist vor allem für Griechische Landschildkröten nahezu immer tödlich. Deshalb müssen schon bei einem leichten Verdacht infizierte Landschildkröten isoliert gehalten werden. Auch hier kann nur der Tierarzt die Art der Infektion genau feststellen.

Auch bei anderen Erscheinungen wie trüben oder tränenden Augen und verweigerter Futteraufnahme muss ein Tierarzt der Ursache auf den Grund gehen.

Eine Schnabelbildung muss frühzeitig behandelt werden.

Schnabelbildung

Manchmal kann man beobachten, dass sich die Hornschneiden an den Kiefern nicht genügend abnutzen. Es bildet sich eine Art Schnabel, der bei zu starkem Wachstum zu Fressschwierigkeiten führen kann.

Festes, ballaststoffhaltiges Futter wie Karotten, Wurzeln oder feste Stängel von Futterpflanzen sorgt dafür, dass es zu dieser Schnabelbildung gar nicht erst kommt. Bei einer frühzeitig festgestellten Schnabelbildung nach zu weichem Futter muss noch keine tierärztliche Behandlung durchgeführt werden. Mit einem Schneidwerkzeug kann man vorsichtig die überschüssigen Teile entfernen. Eine konsequente Futterumstellung auf härtere Futterbestandteile ist dann notwendig und auf Dauer zur Vermeidung des Überwuchses erfolgreich.

Legenot

Von der sogenannten Legenot können geschlechtsreife Weibchen betroffen sein. Normalerweise suchen Weibchen, die ihre Eier ablegen wollen, instinktiv nach der günstigsten Stelle dafür. Leider kommt es immer wieder vor, dass weibliche Landschildkröten lange nach einer geeigneten Stelle suchen und doch nicht die Eier ablegen. Dafür kann es verschiedene Gründe geben:

- Es gibt keine geeignete Eiablagestelle.
- Das Weibchen wurde mehrfach beim Beginn der Grabung gestört und hat den Vorgang abgebrochen.
- Durch zu viele Landschildkröten im Freilandterrarium gibt es keine ruhige Zone, in der die Eier ungestört abgelegt werden können.

*Sehr aktive Männchen, hier eine Breitbandschildkröte (*Testudo marginata*) können legewillige Weibchen bei der Eiablage stark stören.*

- Zu viele oder zu paarungswütige Männchen setzen ständig dem Weibchen mit Balz- und Paarungsversuchen zu.
- Dem Weibchen stand kein richtiges Futter zur Verfügung.
- Die Tagestemperaturen reichen nicht aus, um den Körper auf die richtige Temperatur aufzuheizen.

Die Legenot äußert sich darin, dass das Weibchen nach mehreren Versuchen keine Nahrung mehr zu sich nimmt. Außerdem wird es zunehmend apathischer und schlaffer. Dann muss man umgehend (!) den Tierarzt aufsuchen. Er wird sich anhand eines Röntgenbildes vergewissern, dass wirklich ungelegte Eier vorhanden sind und das Weibchen nicht mehr die Kraft hat, diese zu legen. Durch geeignete Wehenmittel und ein Bad in warmem Wasser kann die Eiablage unter Kontrolle eingeleitet werden. Da es sich um einen großen Eingriff in die Lebensumstände der weiblichen Landschildkröte handelt, darf dieser Vorgang nur unter ärztlicher Kontrolle durchgeführt werden.

Andere Faktoren, wie zum Beispiel permanenter Stress durch zu enge Haltung oder ungenügende Wärme, können und müssen durch eine artgerechte Einrichtung des Terrariums vermieden oder korrigiert werden.

Zucht und Aufzucht

Auch wenn man schon viele Landschildkröten nachgezogen hat, ist es jedes Jahr ein besonderes Ereignis, wenn aus vor langer Zeit abgelegten Eiern fertig entwickelte Jungtiere schlüpfen. Trotzdem ist die regelmäßige Nachzucht vieler Arten nicht selbstverständlich, sondern bedarf längerer Geduld und viel Engagements des Schildkrötenhalters. Landschildkröten sind sehr sensibel und reagieren oftmals mit längerer Verzögerung auf unerwünschte Lebensbedingungen. Dann fällt die gewünschte Nachzucht aus oder kommt gar nicht zustande. Es gilt also immer, die optimalen Lebensbedingungen zu bieten!

Balz und Paarung

Bevor es zu einer Eiablage mit befruchteten Eiern kommt, müssen erst einmal eine artgemäße Balz und eine erfolgreiche Paarung stattfinden. Das ist bei Europäischen Landschildkröten bei guter Haltung und richtiger Überwinterung kein Problem. Die beiden Geschlechter sind nach der Winterruhe synchronisiert, das heißt, sie sind zur Paarung bereit und vermehrungsfähig. Kurz nach der ersten Nahrungsaufnahme und bei ausreichenden Temperaturen beginnen die Männchen mit der Suche nach geschlechtsreifen Weibchen – die in der Enge eines Freilandterrariums natürlich schnell von Erfolg gekrönt ist.

Die Weibchen werden mit seitlichen Rammstößen auf den Paarungsvorgang eingestimmt. Diese Rammstöße sind deutlich zu hören und im Frühjahr in den natürlichen Verbreitungsgebieten eine gute Gelegenheit, den Aufenthaltsort der Landschildkröten zu finden. Nach einigen mehr oder weniger heftigen Rammstößen umrundet das Männchen das Weibchen und versucht aufzureiten. Meist ist das Weibchen aber nicht zur Paarung bereit und versucht davonzulaufen. Das will das Männchen

Sobald die Sonnenstrahlen wärmer werden, erwacht in den Schildkröten der Paarungstrieb.

verhindern, indem es der weiblichen Schildkröte nun in die Vorder- oder Hinterbeine beißt. Manchmal wird das Beißen nur angedeutet. Aber vor allem in kleineren Terrarien, wo die Landschildkröten nicht ausweichen können, kommt es sehr oft vor, dass diese Beißereien zu Verletzungen führen.

Sind beide Geschlechter nach der Winterruhe paarungsbereit, geht der gesamte Vorgang wesentlich weniger gefährlich vor sich. Paarungsbereite Weibchen laufen nach den Attacken der Männchen nicht davon, sondern lassen sie mit scheinbarer Passivität zu. Es wirkt immer etwas befremdlich, wenn das Männchen aufgeritten ist und mit fiependen Geräuschen die Paarung vollzieht. Noch eigenartiger wirkt es auf den menschlichen Betrachter, dass sich dabei das Weibchen nicht einmal beim Fressen stören lässt.

Das gesamte Paarungsgeschehen mit scheinbar brutalem Verhalten der Männchen ist ein ganz natürlicher Ablauf, der unter normalen Umständen weder bei kämpfenden Männchen noch bei angebalzten Weibchen zu dramatischen Verletzungen führt. Erst unter begrenzten räumlichen Verhältnissen und einer oftmals zu hohen Anzahl von Landschildkröten besteht die Gefahr lebensbedrohlicher Verletzungen. Deshalb muss ein verantwortungsbewusster Schildkrötenhalter Ausweichmöglichkeiten für zu aktive Männchen oder verletzte Landschildkröten schaffen. Eine gelegentliche Einzelhaltung ist besser für die Tiere als unerkannte Stresszustände oder gar Verletzungen.

Viele Pfleger Europäischer Landschildkröten beklagen, dass die Männchen auch im späten Frühjahr oder Sommer nicht mit der Balz und den Paarungsversuchen aufhören. Wie bereits erwähnt, hat das ganz natürliche Gründe: Der Temperaturverlauf in Mitteleuropa unterscheidet sich wesentlich von den Bedingungen in den Herkunftsländern der Europäischen Landschildkröten. Dort wird es aber spätestens im Juni so heiß, dass viele Futterpflanzen zu vertrocknen beginnen. Außerdem verlegen sich die Aktivitätszeiten der Landschildkröten auf die Morgen- und Abendstunden. Mit diesem Wechsel der Lebensumstände beenden die männlichen Tiere die Paarungsbemühungen. Unter durchschnittlichen mitteleuropäischen Klimaverhältnissen gibt es in dieser Jahreszeit immer wieder Kälteeinbrüche, wie die „Eisheiligen“ im Mai oder die „Schafskälte“ im Juni. In dieser Zeit ziehen sich die Landschildkröten im Terrarium in ihre Verstecke zurück. Danach wird es wieder warm, die Europäischen Landschildkröten werden aktiv, und wieder ist für sie Frühling und damit die Zeit von Balz und Paarung. Erst im Hochsommer werden diese Aktivitäten eingestellt, doch selbst dann können je nach klimatischer Lage die Balzhandlungen weitergehen. Zusätzliche hohe Temperaturen, die zum Beispiel in einem Frühbeet oder einem Gewächshaus entstehen, entsprechen viel eher dem natürlichen Verlauf und beenden das Balzverhalten.

Eiablage

War der Paarungsverlauf erfolgreich, steht nach einigen Wochen die Eiablage bevor. Bei Europäischen Landschildkröten, die im Freilandterrarium mit zusätzlichen Schutzeinrichtungen leben, ist es nicht ungewöhnlich, dass die ersten Gelege bereits Ende April darin abgesetzt werden. Eine bevorstehende Eiablage ist meist gut daran zu erkennen, dass das betreffende Weibchen auch am

*Griechische Landschildkröte (*Testudo hermanni boettgeri*) bei der Eiablage.*

Tage unruhig herumläuft und nicht mehr so viel frisst. Mit viel Geduld wird die aus ihrer Sicht beste Stelle gesucht. Die Gestaltung geeigneter Plätze wurde bereits ab Seite 45 beschrieben. Je nach Tagestemperatur wird dann an der ausgesuchten Stelle gegraben und die Eier werden gelegt.

Vor allem zu Beginn der Grabetätigkeiten sollte man die Weibchen möglichst nicht stören. Es kann dann durchaus passieren, dass sie bei zu vielen Störungen das Graben unterbrechen und weglaufen (siehe Abschnitt „Legenot", Seite 64). Hat jedoch die Grabung den Punkt erreicht, an dem bald die Eier abgelegt werden, lassen sich die Weibchen nicht mehr aufhalten. Je nach Größe und Art werden drei bis zwölf Eier abgelegt. Die Eigrube wird vorsichtig verschlossen und über einen längeren Zeitraum mit den Hinterbeinen so bearbeitet, dass man die richtige Stelle nicht mehr erkennen kann. Im Laufe des Sommers können noch weitere Gelege vergraben werden.

Inkubation

Nach der Eiablage muss der Pfleger entscheiden, ob er das Gelege dem natürlichen Verlauf überlässt oder die Eier ausgräbt, um sie künstlich zu erbrüten. Beide Wege sind möglich, aber eine gezielte Nachzucht ist nur unter künstlichen Inkubationsbedingungen zu erreichen.

Der erste Weg, die Eier den natürlichen Umständen zu überlassen, ist riskanter. Niemand weiß, wie das Wetter in unseren Breiten über den langen Zeitraum von zwei bis drei Monaten verläuft. In den natürlichen Verbreitungsgebieten gibt es jedes Jahr ein langes warmes Frühjahr und einen heißen Sommer. Einige Naturfreunde konnten dann gegen Ende des Sommers im Biotop, oft nach einem Gewitterguss, erleben, dass junge Landschildkröten die Eigrube verließen und schnell in die nächste Deckung liefen. Das ist unter mitteleuropäischen Klimaverhältnissen zwar möglich, aber sehr selten. Viele begünstigende Faktoren sind dafür notwendig. Dazu zählen eine optimale Eiablagestelle, ein frühes Gelege, ein günstiger Wetterverlauf und ein optimales Kleinklima im Terrarienbereich.

Dass glücklicherweise Nachzuchten im Freiland immer häufiger erfolgreich sind, hängt weniger mit einer generellen Temperaturerhöhung, sondern vielmehr mit dem größeren Wissen der informierten Schildkrötenpfleger zusammen. Viele Fehler, die in der Vergangenheit begangen wurden, sind heute vermeidbar, da die Haltung von Landschildkröten wesentlich artgerechter vorgenommen wird. Ein weiterer Umstand ist allerdings auch noch zu beachten: Durch die doch durchschnittlich niedrigeren Temperaturen entwickeln sich bei Inkubation im Freiland leider meist Männchen.

Die unter Freilandbedingungen geschlüpften Jungtiere sollten nicht im Gebiet der Elterntiere bleiben, sondern es ist besser, sie gesondert aufzuziehen. Im ungeschützten großen Freilandterrarium ist keine Übersicht über das Verhalten gegeben, und außerdem sind die kleinen Landschildkröten wesentlich mehr Gefahren ausgesetzt.

Ein sicheres Ausbrüten ist nur unter den künstlichen Bedingungen eines speziellen Brutinkubators möglich. Geeignet ist ein mittelgroßes Aquarium, das fünf bis sechs Zentimeter hoch mit Wasser gefüllt und mit einem einstellbaren Aquarienheizer auf die Bruttemperaturen (siehe unten) erwärmt wird. In einem Behälter werden die Eier in Substrat gelegt. Dieser wird so in dem Aquarium aufgestellt, dass er nicht direkt mit dem Wasser in Berührung kommt. So sind Wärme und ausreichende Luftfeuchtigkeit vorhanden. Allerdings sind bei diesem System viele kleine Fehler möglich, die den Zuchterfolg gefährden. Empfehlenswerter sind deshalb im Fachhandel angebotene Inkubatoren. Die gesicherte Nachzucht sollte diese Ausgabe wert sein. Für welchen Typ sich der Pfleger entscheidet, liegt bei ihm selbst. Sicherer sind Inkubatoren, die eine genaue Einstellung des Temperaturverlaufs ermöglichen.

Zuerst müssen aber erst einmal die Eier fachgerecht geborgen werden. Je schneller das Ausgraben geschieht, umso weniger vorsichtig muss man sein. Liegen die Eier länger als 24 Stunden in der Eigrube, hat bereits die Entwicklung eingesetzt. Werden jetzt die Eier gedreht, besteht die Gefahr, dass sie sich nicht mehr weiterentwickeln.

Vorsicht ist allerdings immer angebracht. Gräbt man nämlich die Eigrube auf, kann man bei fast allen Gelegen von Schildkröten feststellen, dass der obere Teil einer Röhre entspricht. Diese erweitert sich weiter unten kugel- oder birnenförmig. Die Erde in der Röhre ist fest. Dagegen sind die Eier in der Höhle in lockerem Boden gelagert. Beachtet man das nicht, besteht leicht die Gefahr, die Eier zu zerstören. Die Behandlung der ausgegrabenen Eier wird sehr unterschiedlich vorgenommen. Mancher wäscht sie mit lauwarmem Wasser ab, ein anderer entfernt nur die trockene Erde. Weder die eine noch die andere Methode ist aber für den Bruterfolg von entscheidender Bedeutung. Für die spätere Handhabung ist es praktisch, die oben liegende Stelle zu markieren und Art und Ablagedatum auf das Ei zu schreiben. Dafür eignet sich ein Bleistift mit weicher Mine.

Jetzt kommen die Eier in den Inkubator. Günstig ist es, jedes Gelege für sich in eine nicht völlig schließende Plastikdose zu legen und mit Substrat zu bedecken. Üblich ist das im Fachhandel erhältliche Vermiculit, aber auch das Substrat aus der Ablagehöhle oder ein Gemisch aus Sand und Erde können verwendet werden. Wichtig ist nur, dass das Substrat nicht zu fein ist und damit zu Verklebungen oder Luftabschlüssen führt. Ein Gasaustausch muss immer möglich sein. Die Bruttemperaturen sind je nach Art unterschiedlich und

*Schlupf einer Griechischen Landschildkröte (*Testudo hermanni boettgeri*).*

liegen zwischen 25 und 35 Grad Celsius. Für Europäische Landschildkröten gilt, dass Temperaturen unter 29 Grad Celsius meist zu Männchen und zu langen Inkubationszeiten führen. Über 30 Grad Celsius ist die Entwicklung von Weibchen wahrscheinlicher und die Inkubationszeit verkürzt sich auf 60 bis 70 Tage. Eine leichte Absenkung der Bruttemperatur über Nacht entspricht dem natürlichen Temperaturverlauf. Außerdem hat man die Erfahrung gemacht, dass sich die Brutdauer nicht wesentlich verlängert, aber die Jungtiere besser schlüpfen und vitaler sind. Extreme Unterschiede gibt es bei tropischen und exotischen Landschildkröten. Zum Beispiel gibt es bei der Südamerikanischen Waldschildkröte (*Chelonoides denticulata*) innerhalb eines Geleges Schlupf nach 86 und dann später nach 210 Tagen. Hier besteht eine große Anpassung an tropische Klimaverläufe.

Während der Inkubation sollte man die Eier möglichst nicht bewegen. Jede Störung ist nachteilig. Allerdings ist vor allem die Kontrolle der Temperatur wichtig. Die Luftfeuchtigkeit ist für Europäische Landschildkröten nicht ganz so wichtig, aber es darf nicht zum Austrocknen oder Überschwemmen der Eier kommen. Stellt man zerstörte, unbefruchtete oder schlecht riechende Eier fest, sind diese sofort zu entfernen. Ein ständiges Anheben der Eier und Nachschauen nach der Entwicklung beschleunigt diese nicht, sondern wird eher als Störung empfunden. Ein leichtes Öffnen der Eier und damit die Kontrolle des Entwicklungsstandes schaden ebenfalls. Geduld ist hier die oberste Tugend, auch wenn es manchmal schwerfällt.

Schlupf

Endlich ist es so weit! Ein Ei zeigt einen deutlichen Riss und etwas Flüssigkeit tritt heraus.

Fehler bei der Aufzucht können sichtbare Folgen haben.

Der Schlupf steht nun unmittelbar bevor. Achtung: Gesunde Schlüpflinge brauchen dabei keine Hilfe. Oft ist es so, dass das Jungtier das Ei öffnet, aber noch etwas darin verweilt. Währenddessen wird der noch vorhandene Dottersack an der Unterseite des Panzers abgebaut. Dabei darf der Schlüpfling nicht gestört werden. Ist die Entwicklung abgeschlossen, wird die Eischale mit den Füßen aufgebrochen und der Panzer beginnt sich in die Endform zu strecken. Schlüpft das Jungtier mit einem noch sichtbaren Dottersack, sollte es so lange im Inkubator verweilen, bis dieser aufgebraucht ist. Günstig ist dafür das Eindrücken einer Delle in der Größe der Schildkröte ins Substrat. Dort wird das Tier hineingesetzt und mit etwas Material wie Moos oder Schaumstoff abgedeckt. Meistens nehmen die Schlüpflinge dieses Versteck an und verbrauchen in Ruhe den Dottersackrest. Manchmal kommt es vor, dass die Schlüpflinge im Ei steckenbleiben und sich nicht aus eigener Kraft befreien können. Die Gründe sind meist zu schnelle, also zu warme Inkubation oder zu schwache Jungtiere, weil die Weibchen nicht richtig ernährt wurden. Man kann solchen Jungtieren beim Schlupf helfen. Leider bleiben sie meist schwach, fressen nicht richtig und sterben dann nach einigen Monaten. Hier muss der Züchter selbst entscheiden, wie er vorgeht. Auf keinen Fall dürfen solche hinfälligen Jungschildkröten einfach nur abgegeben werden. Das wäre Betrug am Käufer. Schlüpfen übrigens nicht gleich alle Schildkröten eines Geleges am gleichen Tag, gilt es auch hier wieder, etwas Geduld zu haben. Oft folgen die anderen einige Tage später.

Kurzzeitig nutzbares spartanisch eingerichtetes Aufzuchtterrarium für geschlüpfte Landschildkröten.

Aufzucht von Jungtieren bis zur Geschlechtsreife

Endlich sind nun die gewünschten Schildkröten ins Terrarium eingezogen oder es sind gar die ersten Jungtiere geschlüpft. Jetzt stellt sich die wichtige Frage: „Wie ziehe ich meine kleinen Landschildkröten richtig auf?" Die artgerechte Aufzucht von Jungtieren ist bei vielen Arten eigentlich gar nicht so schwierig, wenn man sich an die notwendigen Pflegemaßnahmen und an die richtige Fütterung hält.

Bereits vor dem Schlupf oder vor der Anschaffung muss ein geeignetes Terrarium zur Aufzucht vorhanden sein (siehe dazu auch ab Seite 41). Ganz frische Schlüpflinge kann man die ersten Tage auf einem sauberen, saugfähigen Material halten, aber nur so lange, bis der Dottersack vollkommen abgebaut ist. Bereits in so einem Übergangsbehälter müssen Verstecke vorhanden sein.

Es gibt noch nicht viele Berichte darüber, wie Jungtiere sich im natürlichen Verbreitungsgebiet verhalten. Übereinstimmend wurde aber immer festgestellt, dass sie sehr verborgen leben. Sie verlassen die Deckung nur zum Fressen und vermeiden längere Aufenthalte in der Sonne. Die Versteckplätze sind sehr geschützt und direkt über dem oder im Boden. Damit haben die Tiere immer eine Grundfeuchtigkeit um sich und entsprechende Wärme. Diese Verhältnisse müssen im Aufzuchtterrarium nachvollzogen werden. Das heißt, für die ersten ein bis zwei Lebensjahre brauchen die Jungschildkröten noch keine großen Bewegungsräume. Viel wichtiger ist eine warme und feuchte

Eine Handvoll junger Griechischer Landschildkröten (Testudo hermanni boettgeri).

Deckung und natürliches, abwechslungsreiches und gehaltvolles Grünfutter.

Bereits in diesem Alter können die kleinen Landschildkröten im Freiland gehalten werden. Dort finden sie am besten das ihnen zusagende Futter. Kleinere Gehege an warmen Stellen sind ideal für die Aufzucht. Aber genau wie für die erwachsenen Landschildkröten müssen Schutzeinrichtungen und eventuelle zusätzliche Wärmequellen vorhanden sein. Außerdem sind diese Gehege von oben durch ein Drahtgitter vor Fressfeinden (vor allem Vögeln wie Amseln, Krähen oder Elstern) zu schützen. Genauso wichtig ist die Sicherung von unten. Zum einen damit sich die kleinen Landschildkröten nicht unter der Einfassung durchgraben können. Mit viel Geduld sind sie in der Lage, Auswege zu finden. Zum anderen aber auch zum Schutz vor Ratten, Mäusen oder gar Mardern.

Auch die eigenen Haustiere dürfen nicht unterschätzt werden. Eine kleine Landschildkröte kann für eine Katze durchaus mal ein interessantes Spielzeug sein. Noch gefährlicher sind Hunde, die gern diese Art von „Knochen" probieren und dann die Schildkröten lebensbedrohlich verbeißen. Selbst wenn der eigene Hund gut erzogen ist und Schildkröten akzeptiert, kann der Hund eines Besuchers großen Schaden anrichten.

Wenn das kleine Gehege richtig eingerichtet ist, werden darin auch verschiedene Pflanzen eingesetzt. Wachsen die kleinen Landschildkröten richtig heran, ist das vorhandene natürliche Futter schnell verschwunden. Günstig ist es, wenn man zwei Abteile für das Futter gestaltet: eins zum momentanen Abfressen und ein zweites, in dem das neue Futter wieder nachwachsen kann.

Ist das nicht möglich oder bei einer Haltung im Übergangsterrarium, muss zugefüttert werden.

Die kleinen Schildkröten sollten dann mit demselben Futter wie die ausgewachsenen Tiere ernährt werden. Vermeiden sollte man unbedingt „Kraftfuttergaben", die gern im Handel angeboten werden, oder zusätzliche Proteinzugaben. Sie richten eigentlich nur Schaden im Verdauungssystem der Schildkröten an. Verwendet man doch einmal ein paar derbere Salatarten, ist ein leichtes Überpudern mit einer für Reptilien geeigneten Mineralmischung möglich. Sehr günstig ist es für die Entwicklung der kleinen Schildkröten, wenn eine Kalkquelle, wie zum Beispiel Sepiaschalen, immer im Terrarium liegt. Bei Bedarf wird daran geknabbert und der Körper wird mit den notwendigen Mineralien versorgt. Eine Überdosierung ist nicht möglich: Die Schildkröten fressen nur so viel wie sie brauchen.

Von entscheidender Bedeutung für das gesunde Aufwachsen der jungen Landschildkröten ist eine ausreichende Feuchtigkeit. Sauberes Trinkwasser muss immer zur Verfügung stehen. Der Unterschlupf ist leicht feucht zu halten. Dafür eignen sich natürliche Moose, die die Feuchtigkeit gut halten, ohne nass zu sein. Eine Zeit lang wurde das Verhöckern des Panzers bei heranwachsenden Landschildkröten nur einer unnötigen Zufütterung mit Proteinen zugeschrieben. Heute wissen wir, dass ungenügende Feuchtigkeit, also eine zu trockene Haltung, noch viel mehr Einfluss auf das unnatürliche Wachstum des Panzers hat. Werden beide Dinge beachtet, also keine unnötige Proteinzufuhr und genügend Trinkwasser und Feuchtigkeit, ist ein natürliches Erscheinungsbild bei heranwachsenden Landschildkröten möglich. Dazu gehören allerdings auch ein Freilandaufenthalt und eine ausreichend lange Überwinterung. Europäische Landschildkröten müssen bereits im ersten Winter eine Winterstarre verbringen. Sind sie richtig ernährt und wird die Überwinterung fachgerecht vorgenommen, erhöht diese Maßnahme ihre Vitalität. Gerade bei der Winterruhe junger Europäischer Landschildkröten hat sich die Überwinterung im Kühlschrank sehr bewährt.

Porträt einer erwachsenen Aldabra-Riesenschildkröte.

Haben diese nachgezogenen Landschildkröten eine Panzerlänge von etwa zehn Zentimetern erreicht, können sie bei ausreichend Platz mit den erwachsenen Tieren zusammenleben. Besser ist jedoch eine gesonderte Aufzucht.

Pflegt man die Schildkröten zusammen, sollte man darauf achten, dass direkt miteinander verwandte Schildkröten sich möglichst nicht verpaaren. Das ist allerdings bei wenigen Tieren oder seltenen Arten in kleinen Gruppen manchmal nicht zu vermeiden. Deshalb ist eine Kooperation mit anderen Züchtern notwendig, um die nächsten Generationen besser zu vermischen. Das Führen von Zuchtbüchern ist dann von großem Vorteil.

Anhang

Danksagung

Mein Dank gilt allen Freunden und Bekannten, die mich bei der Erarbeitung dieses Buches unterstützt haben. Das gilt speziell für Uwe Wünstel vom Wüsten- und Reptilienzoo Landau (Pfalz) und ganz besonders für Bettina Vollmer sowie Susanne und Franz Schmitt.

Nützliche Adressen

Deutsche Gesellschaft für Herpetologie
und Terrarienkunde DGHT e.V.
Arbeitsgemeinschaft „Schildkröten“
Wormerdorfer Str. 46 – 48
D-53359 Rheinbach
www.dght.de/ag_schildkroeten/schildkroeten.htm

Schildkröten-Interessengemeinschaft
(SIGS) Schweiz
CH-6212 St. Erhard
www.sigs.ch

Österreichische Gesellschaft für
Herpetologie (ÖGH)
Fachgruppe „Schildkröten“
c/o Naturhistorisches Museum Wien
Burgring 7
A-1010 Wien
www.herpetofauna.at

Internationale Schildkröten Vereinigung (ISV)
Verein für Schildkrötenforschung und Vivaristik
Kirchenplatz 6,
A-3562 Stiefern
www.isv.or.at

Register

CADMOS HEIMTIERBÜCHER

Sonja Tschöpe
KANINCHEN

Damit sich Kaninchen wohlfühlen, brauchen sie vor allem die Gesellschaft von Artgenossen, viel Platz zum Hoppeln, gesundes frisches Futter und ein liebevolle Betreuung durch ihren Menschen. Diese Grundbedürfnisse zu erfüllen, ist gar nicht schwer. Ob in Wohnung, Haus oder Garten, nahezu überall kann ein artgerechtes Gehege eingerichtet werden. Dieser Ratgeber ist ein Leitfaden für alle, die ihren Kaninchen ein Langohrtraumzuhause bieten möchten.

80 Seiten, farbig, broschiert
ISBN 978-3-8404-4009-0

Claudia Biermann
IGEL GEFUNDEN -WAS NUN?

Nicht jeder Igel braucht im Herbst die Hilfe des Menschen. Doch manche der kleinen Wildtiere können nur über den Winter kommen, wenn wir sie bei uns aufnehmen, ihnen ein Schlafquartier und die richtige Pflege bieten. Sehr übersichtlich strukturiert und fachlich fundiert ist dieses Buch ein unverzichtbares Werk für jeden, der einen Igel bei sich zu Hause überwintern lassen möchte.

80 Seiten, farbig, broschiert
ISBN 978-3-86127-079-9

Judy Fox
CHINCHILLAS

Chinchillas haben längst einen festen Platz im Herzen vieler Heimtierfreunde. Nicht immer aber entsprechen die Haltungsbedingungen der natürlichen Lebensweise. Dieser Ratgeber informiert über die richtige Haltung, Ernährung und Beschäftigung, gibt Tipps für die Käfigeinrichtung und den sicheren Chinchilla-Auslauf und setzt sich auch für den Artenschutz ein – denn in freier Wildbahn stehen Chinchillas kurz vor dem Aussterben.

80 Seiten, farbig, broschiert
ISBN 978-3-86127-085-0

Peter Hiscock
GESELLSCHAFTSFISCHE IM AQUARIUM

Welche Fische sind für Gesellschaftsaquarien besonders geeignet? Welche speziellen Bedürfnisse haben die einzelnen Fische? Wie richtet man das Aquarium so ein, dass die ausgewählten Fische sich wohl fühlen und lange gesund bleiben? Auf diese und viele weitere Fragen gibt der kompakte, reich bebilderte Ratgeber Antwort.

96 Seiten, farbig, broschiert
ISBN 978-3-86127-081-2

Hiscock/Sandford/Thraves
TROPISCHE SÜßWASSER-AQUARIEN

Tropische Süßwasserfische sind f den Einstieg in das Hobby Aquar stik hervorragend geeignet und dank ihrer Vielfalt und Farbenpra auch optisch sehr attraktiv. Diese Praxisbuch vermittelt in kompakt Texten und mit vielen Bildern da komplette Grundlagenwissen für die Gestaltung eines ansprechen Tropenaquariums, hilft bei der A wahl der passenden Fische und g Tipps für ihre Gesunderhaltung.

96 Seiten, farbig, broschiert
ISBN 978-3-86127-082-9

CADMOS

Cadmos Verlag GmbH · Möllner Straße 47 · 21493 Schwarz
Telefon 04151 87 90 70 · Fax 04151 87 90 7-12
Besuchen Sie uns im Internet: **www.cadmos.de**